ANDREA & MARKUS
ESCHBACH

Der kleine ERZIEHUNGS RATGEBER für Pferde

MIT KOSMOS MEHR ENTDECKEN
WAS
IHR PFERD
KÖNNEN
SOLLTE
SEIT 1822

KOSMOS

INHALT

4 Menschen und Pferde

7 Eine besondere Beziehung
10 Was Pferde brauchen
15 Kommunikation und Körpersprache
21 Das Pferd sagt „Ja“

22 Die Grundschule

25 Die Basis legen
28 Cool werden
31 Wie lernt ein Pferd?
35 Schlüssel zum Pferd
40 Was wir Menschen lernen

44 Erziehung Schritt für Schritt

47 In Verbindung kommen
51 Kopf senken
53 Richtig gut führen
54 Wer führt wen?
61 Handhabung von Führstrick und Seil
69 Führungskompetenz
70 Am Anbindeplatz

78 Wenn es noch nicht klappt

81 An der Erfahrung wachsen

90 Service

91 Zum Weiterlesen
92 Nützliche Adressen
93 Register

MENSCHEN UND PFERDE

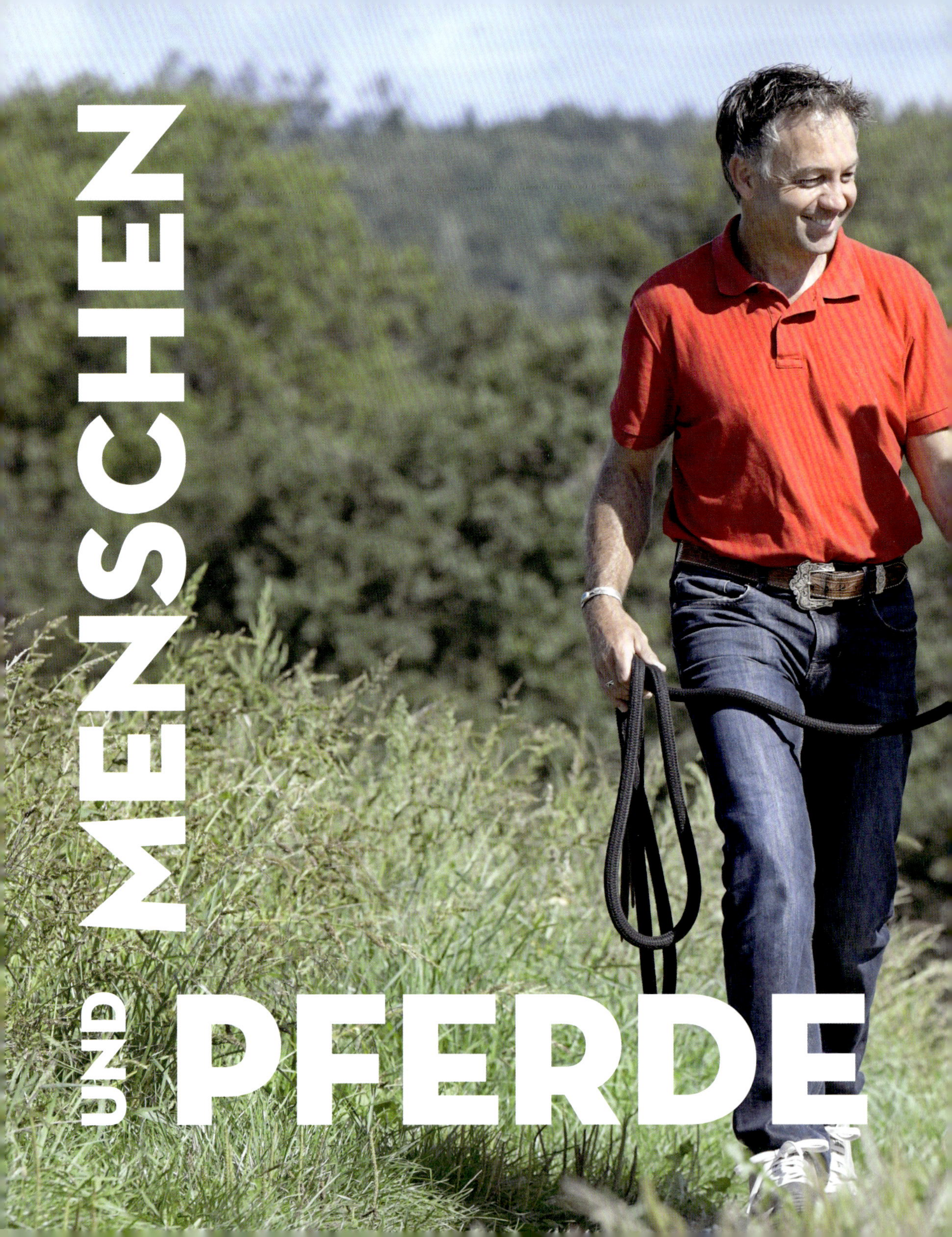

FASZINATION PFERD

Pferde ziehen uns magisch an – warum eigentlich?

Eine besondere Beziehung

Pferde faszinieren durch ihre Kraft, Größe und Eleganz. Wir bewundern den starken Körper, der sich geschmeidig bewegt, und die Muskeln, die unter dem glatten Fell spielen. Die warme Nase beschnuppert uns vorsichtig und wir spiegeln uns in den großen, dunklen Augen des Pferdes.

Pferde sind ein Stück Geheimnis, Wildheit und Freiheit in unserem Leben. Wir sind mit der ganzen Welt vernetzt, reisen in wenigen Stunden um den halben Erdball. Doch Pferde zeigen uns, dass wir nicht alles wissen. Wir finden die größten Abenteuer nicht am anderen Ende der Welt, sondern auf der Reise zu uns selbst. Und unsere Pferde sind meisterhafte Reiseleiter.

Mit diesem Buch begleiten wir Sie ein Stück auf dem Weg mit den Pferden. Es gibt kein Patent-Rezept, wie wir mit Pferden umgehen sollen. Aber wir möchten Ihnen helfen, Pferde besser zu verstehen und die nötigen Fähigkeiten zu erlangen, um sich in der Welt der Pferde verständnisvoll, fair und sicher zu bewegen.

ZUEINANDER FINDEN

Manchmal führen uns unsere unbewussten Träume zum Pferd. Pferde symbolisieren eine Freiheit, die wir vielleicht in unserem Leben vermissen, oder wir projizieren unsere Sehnsucht nach Zuneigung auf sie. Doch das funktioniert in der Realität nicht: Unser Bild von dem Wunschleben mit dem Pferd gerät bei der kleinsten Schwierigkeit ins Wanken. Wir suchen Erklärungen, warum das Pferd nicht das tut, was wir von ihm möchten, und sind persönlich betroffen. So haben wir uns das nicht vorgestellt! Spätestens in diesem Moment müssen wir erkennen: „Ein Pferd ist ein Pferd." Wir tun Pferden (und anderen Tieren) Unrecht, wenn wir sie als Partnerersatz oder als Psychotherapeuten benutzen. Wollen

TIPP

Wir sollten nicht erwarten, dass Pferde sich unserem Lebensstil anpassen, sondern uns die Mühe machen, sie und ihre Bedürfnisse wirklich kennenzulernen.

wir fair und pferdegerecht sein, dann müssen wir Pferde wie Pferde behandeln – entsprechend ihrer Natur, ihrem arteigenen Verhalten und ihren Bedürfnissen.
Wir wünschen uns eine Beziehung – aber zu unseren Bedingungen. Wir nehmen an, dass Pferde ebenfalls mit uns zusammen sein wollen, uns brauchen und dass diese Beziehung automatisch funktioniert. Aber was hat das Pferd eigentlich von einer Beziehung mit uns? Wir befriedigen unsere eigenen Bedürfnisse, aber geben wir auch etwas zurück, was das Pferd braucht?
Für Pferde sind andere Dinge wichtig als für uns. Menschen fühlen sich in unterschiedlichen Situationen oder bei unterschiedlichen Tätigkeiten wohl. Der eine liebt es, bei der Gartenarbeit zu entspannen, der andere braucht in seiner Freizeit Partys.

Signale erkennen

Ein Pferd fühlt sich wohl, wenn seine natürlichen Bedürfnisse gedeckt sind. Das erkennen wir an einer entspannten Körperhaltung: Auf der Weide schlendert das Pferd von Grashalm zu Grashalm, der Schweif pendelt leicht, der Kopf ist tief, die Augen sind klar und ruhig. Manchmal können wir ein entspanntes Schnauben hören. Auch ein im Stehen dösendes oder in Bauchlage schlafendes Pferd fühlt sich sicherlich wohl. Wenn man sich unwohl fühlt, findet man meist nicht so leicht Schlaf.

1

Natürlich sollen sich Pferde nicht nur in ihrer „Freizeit" wohlfühlen, sondern auch, wenn sie Zeit mit uns verbringen, ob im Stall oder beim Training. Beobachten Sie genau: Können Sie sich dem Pferd einfach nähern oder läuft es womöglich weg? Können Sie es berühren, ohne dass es zurückweicht? Lässt es sich ohne Abwehr ein Halfter überstreifen? Bleibt es entspannt und ruhig beim Anbinden? Macht es beim Putzen ein „Schlafgesicht" (halb geschlossene Augen, hängende Unterlippe)? Entlastet es im Wechsel zum Ruhen ein Hinterbein? Lässt sich das Pferd willig von A nach B führen? Bleibt es ruhig und entspannt oder sogar ohne Anbinden bei Ihnen stehen? Lässt es sich leicht

2

1 Verbringen Sie viel Zeit mit Ihrem Pferd, um mit ihm vertraut zu werden.

2 Wenn wir versuchen, unser Pferd zu erkennen und zu verstehen, werden wir ein gutes Team.

anhalten? Nimmt das Pferd Ihre Arbeitsaufträge willig und prompt an oder hören wir jedes Mal, wenn wir etwas möchten, ein „ärgerliches" Schweifzischen? Reißt es dabei den Kopf hoch? Achten Sie bewusst auf die Signale, über die Ihr Pferd mit Ihnen kommuniziert.

WUNSCHZETTEL

MENSCH	PFERD
Zuneigung	Sicherheit, mental und körperlich
Anerkennung	Futter
Streicheln, Pflegen	Artgenossen / Sozialkontakt
Reiten, Ehrgeiz, Statussymbol	Raum
Kontrolle	Fortpflanzung

Was Pferde brauchen

Die Natur organisiert jedes Lebewesen in optimaler Weise für die ihm entsprechende Lebenssituation. So kann man anhand der Instinkte ablesen, wie der „Alltag“ von Pferden aussehen kann bzw. wie das Lebewesen Pferd funktioniert. Diese Triebe sind nicht nur bei freilebenden Wildpferden vorhanden, sondern lassen sich leicht auch bei unseren domestizierten Hauspferden beobachten.

Verschiedene Verhaltensforscher sehen Triebe oder instinktgesteuertes Verhalten als angeborene „Ausrüstung“ eines jeden Lebewesens an, die nicht grundsätzlich durch Training wegerzogen werden kann. Als Pferdebesitzer und Reiter haben wir es jeden Tag mit den Trieben unserer Pferde zu tun. Häufig vergessen oder ignorieren wir dies, was zu Missverständnissen führt. Wir unterstellen den Pferden, dass sie sich „extra“ so aufführen, sich „keine Mühe“ geben“, „die Situation ausnützen“ oder „nerven wollen“.
Doch Pferde verhalten sich so, wie es ihrer Natur entspricht. Ihr Verhalten ist nicht persönlich gemeint.
Für das grundlegende Verständnis, warum Pferde sich wann wie verhalten, müssen wir uns also die Natur des Pferdes vor Augen führen.

DIE NATUR DES PFERDES

Als potentielles Beutetier hängt das Leben des Pferdes in freier Wildbahn davon ab, sich möglichst nicht in Gefahr zu begeben, Gefahren schnell zu erkennen und dann rasch zu reagieren. Für ein Pferd kann es das Ende bedeuten, wenn es das Gleichgewicht verliert und stürzt, denn so ist es leichte Beute und wird gefressen. Es ist also eine absolute Notwendigkeit, körperlich fit zu sein und genügend Energiereserven zu haben.

Fluchttrieb

Pferde sichern ihr Überleben durch den Fluchtinstinkt: Sie sind sehr wachsam, achten auf kleinste Veränderungen in ihrem Umfeld und schaffen bei Anzeichen einer vermuteten oder wirklichen Gefahr möglichst

TRIEBE

Auch bei unseren domestizierten Pferden sind diese Ur-Instinkte vorhanden:

- Flucht
- Fressen
- Bewegung
- Herde
- Rangordnung
- Fortpflanzung

Distanz zwischen sich und dem gefährlichen Objekt. Situationen und Dingen, die sie nicht kennen und schnell als „sicher“ einordnen können, stehen sie deshalb skeptisch oder auch misstrauisch gegenüber. Sie reagieren lieber schnell, als langsam zu denken.

Fresstrieb

Pferde verbringen einen großen Teil des Tages mit der Nahrungsaufnahme, um dem Körper immer Energie zuzuführen. Im Fall einer Flucht ist der Körper so genügend „aufgetankt“.

Pferde lösen Probleme durch Flucht, dieser Instinkt sichert ihr Überleben.

Gemeinsam sind wir stark! Die klare Struktur einer Herde schafft Sicherheit.

Uns Menschen macht der Fresstrieb oft genug zu schaffen. Schimpfen wir das Pferd doch aus, wenn es schon an der nächsten Wegbiegung erneut den Hals lang macht zum Fressen. „Ich habe ihm doch gerade gesagt, dass er es lassen soll!“, ist dann der frustrierte Ausruf.

Bewegungstrieb

Das Pferd ist durch seine physische Struktur und seine Anatomie für Bewegung geradezu geschaffen. Der Körperbau mit den langen Beinen ermöglicht es ihm, bei Gefahr in hohem Tempo zu flüchten. Dies erklärt auch, warum Pferde ihren Körper durch ständige Bewegung fit halten müssen. Im Notfall entscheidet die schnelle Flucht über Leben und Tod.

Herdentrieb

Pferde sind Herdentiere. Sie leben nach Möglichkeit in Gruppen und brauchen den Sozialkontakt. Eine Gruppe dient der Sicherheit. Ein einzelnes Pferd wird in der Natur schnell Beute von Raubtieren.

Sozialtrieb

Das Gruppengefüge ist durch eine dynamische Hierarchie strukturiert. Sie funktioniert in der Natur mit der ranghöchsten Stute als Herdenanführerin, anderen Stuten mit Fohlen und einem ranghöchsten Hengst. Junge männliche Tiere werden nur bis etwa zur Geschlechtsreife vom Leithengst in der Herde geduldet. Danach verlassen sie die Gruppe und schließen sich oft mit anderen Junghengsten zusammen.

Sexualtrieb

Um den Fortbestand einer Art zu sichern, spielt die Fortpflanzung von möglichst kräftigen Individuen und damit die Weitergabe gesunder Gene eine wesentliche Rolle. Das Sexualverhalten ist bei allen Lebewesen instinktiv verankert und ist somit ein starker, dem Überleben aber untergeordneter Trieb. Dazu gehören auch Verhaltensweisen wie die je nach Tierart unterschiedliche Aufzucht und Erziehung und die Rolle, die Jungtiere in einer Gruppe einnehmen. Auch Rangkämpfe und spielerisches Verhalten unter Fohlen sind mit diesem Trieb verknüpft.
Übergeordnet über allen Instinkten steht der Überlebenstrieb, das naturgemäße Erhalten der Art.

KONSEQUENZEN FÜR DAS MITEINANDER

Dieses Wissen bedeutet, dass wir die natürlichen Grundbedürfnisse des Pferdes berücksichtigen müssen, um die Grundlage für unser Miteinander zu legen. Das betrifft die Grundbedürfnisse in der Haltung, beim täglichen Umgang, beim Training, beim Reiten. Wir müssen diese Bedürfnisse erfüllen, damit unsere Pferde mental und körperlich gesund bleiben.
Alles, was Pferde tun, hat einen Grund. Das Sicherheitsdenken erschwert uns manchmal Lernsituationen, in denen wir dem Pferd neue Dinge beibringen wollen. Pferde schätzen es nicht, ständig neue Situationen zu erleben. Bewährtes bringt Sicherheit!

„Spiel mit mir!" Pferde haben eine ausdrucksstarke Mimik.

Der Fluchtinstinkt bringt die Pferde dazu, sich zu entziehen. Je nach unserem Auftreten oder der Art, uns dem Tier zu nähern, weicht es der höheren Energie aus und bringt dadurch Distanz zwischen uns. Ein Schritt zurück oder zur Seite kann bereits eine kleine Flucht sein.
Der Rangordnungstrieb ist ständig aktiv. Die Frage „Wer führt wen?" ist immer im Raum. Verlieren wir den Überblick, sind wir nicht aufmerksam oder sind unsere Informationen für das Pferd unklar, unverständlich oder gar nicht vorhanden, muss es uns infrage stellen. Dann muss das Pferd selbst entscheiden und handeln, weil die Anleitung fehlt oder ungenügend ist, um das eigene Überleben zu garantieren. Der Mensch empfindet das womöglich als ungehorsam oder frech. Dabei entsteht diese Situation oft aus unserem Unvermögen zur kompetenten Leitung.

TIPP

Wenn wir die Bedürfnisse der Pferde kennen und erfüllen, tragen wir aktiv dazu bei, dass sie sich wohlfühlen.

Sozialverhalten lernt jedes Fohlen am besten in der Herde mit Gleichaltrigen.

Kommunikation und Körpersprache

Eine Beziehung zwischen zwei Lebewesen kommt nur durch Kommunikation zustande. Kommunikation ist der Austausch von Informationen zwischen Gesprächspartnern. Sie ermöglicht Verständigung und schafft Verständnis.

Wie schön fühlt es sich an, wenn wir mit dem Pferd ins Gespräch kommen!

Der Schlüssel zur Verständigung mit Pferden liegt in der „Pferdesprache". Pferde kommunizieren weitgehend über Körpersprache und viel weniger über Lautäußerung wie wir Menschen. Sie sind in der Lage, sich lautlos über eine Vielfalt an körpersprachlichen Zeichen auszutauschen. Ihre Kommunikation läuft über verschiedene Ebenen und steht immer in Bezug zum Augenblick. Ein Pferd mit angelegten Ohren kann zehn verschiedene Informationen vermitteln – abhängig von der Situation, in der es sich gerade befindet. Das bedeutet, dass wir ein Signal nicht immer in derselben Weise übersetzen können, sondern dass es je nach Situation etwas anderes bedeuten kann.

SELTEN EINDEUTIG

Nur wenige „Wörter" der Pferdesprache lassen lediglich eine einzige Übersetzung zu. Viele körperliche Signale bedeuten in Kombination mit anderen Zeichen und abhängig von der Situation etwas völlig Unterschiedliches.

LAUTSPRACHE

Pferde als Fluchttiere haben nur eine begrenzte Möglichkeit, sich durch Laute auszudrücken. Verhaltensforscher nehmen an, dass die Natur Fluchttiere so ausgestattet hat, weil eine Kommunikation über Lautäußerungen dem Überleben nicht dienlich wäre. Lautes Rufen, Schreien und Diskutieren würde Fressfeinde von weit her anlocken. Insbesondere der fast völlig fehlende Schmerzlaut spielt eine Rolle: Verletzte oder kranke Tiere sind für Raubtiere eine leichte Beute.

1 Auch über Nähe und Körperkontakt kommunizieren wir.

2 Mit den Ohren „schaut" das Pferd: die Ohrstellung verrät, worauf es sich konzentriert.

1

2

2

3

MIMIK

Der Pferdekopf ist recht knochig und zudem mit Fell bedeckt. Auf den ersten Blick kann man sich kaum vorstellen, dass Pferde so etwas wie eine differenzierte Mimik besitzen, doch so ist es: Die Ohren sind Stimmungsbarometer und rundherum beweglich. Da sie deutlich vom Kopf abstehen, sind sie weithin sichtbar. Auch die Maulpartie zeigt die Stimmungen und den Spannungszustand des Pferdes an. Sie kann locker oder fest und angespannt sein. Die Augen schließlich sind die Fenster zur Seele des Pferdes.

1 Was ist dort los? Die beweglichen Ohren signalisieren Neugier.

2 Kleines Nickerchen – mit typischem Schlafgesicht.

3 Ich bin ein kleines Fohlen und kann kein Wässerchen trüben!

1

2

MUSKELTONUS

Pferde sind Meister im „Muskellesen“: Sie erkennen und deuten den Spannungszustand der Muskulatur und deren Veränderung. Hohe Muskelspannung eines Herdenmitglieds kann Angst und Gefahr bedeuten und signalisiert den anderen dadurch höchste Wachsamkeit, Fluchtbereitschaft oder Kampf.

HALTUNG UND VERHALTEN

Ebenfalls zur Kommunikation eingesetzt werden die Kopf- und Halshaltung, Schweifhaltung und -bewegung und das Verändern von Abständen zwischen den Herdenindividuen.

Die Distanz zwischen einzelnen Pferden signalisiert häufig die Beziehung und den hierarchischen Status in der Herde. Dazu kommen auch die Bedeutung der Schulterlinie und der bestimmten Winkel, die die Pferdekörper zueinander einnehmen. Das ist ähnlich dem Anstoßen einer Billardkugel: Verändert ein Pferd seinen Abstand und seinen Winkel zum nächsten Pferd, setzt es dadurch eine Kettenreaktion in Gang, die durch den Stand in der Rangordnung ebenfalls beeinflusst wird. Ranghöhere Tiere bringen rangniedere dazu, sich zu bewegen. Auch Bewegungen wie das Herumtollen, Schlagen, Beißen und Sich-gegenseitig-Ansteigen,

TIPP

Kennen wir die Bedeutung der Körpersprache, können wir sie in unserer eigenen Begegnung mit Pferden zur besseren Verständigung nutzen.

1 Das wird hier ein bisschen eng, ich fühle mich etwas bedrängt!

2 Wenn du nicht spurst, beiße ich dich!

3 Ich werde dir gleich zeigen, wer hier Chef im Haus ist!

aber auch das der Sozialpflege dienende gegenseitige Fellkraulen und gemeinsame Siestahalten gehören zur Verständigung in der Herde.

DEN DIALOG SUCHEN

Möchten Sie Ihrem Pferd klarmachen, was Sie von ihm wollen, müssen Sie eine grundsätzliche Regel der Kommunikation beachten: „Ja" und „Nein" in der Pferdesprache funktionieren völlig anders als in der Menschensprache.

Wir wünschen uns ein Gespräch mit dem Pferd. Häufig sind wir aber der Partner, der Ideen und Wünsche mitteilt und selbstverständlich davon ausgeht, dass das

3

Wenn wir unser Pferd etwas fragen, müssen wir die Antwort auch abwarten.

Pferd unsere Wünsche willig entgegennimmt und erfüllt. Doch wir sollten immer sicherstellen, dass unser Gesprächspartner die Konversation auch versteht.

Nehmen wir an, Sie fordern Ihr Pferd auf, sich vorwärtszubewegen. In dem Moment, in dem Ihr Pferd den Versuch macht, wie erwünscht zu antworten, muss von Ihnen sofort ein für das Pferd verständliches „Ja, genau!" erfolgen. Nur so wird dem Pferd Ihre Aufforderung verständlich und es weiß, was Sie von ihm wollen. Besonders wichtig ist das beim Erlernen neuer Verhaltensweisen. Mit der Zeit wird das Pferd immer feiner und schneller antworten.

Das Vorgehen ist nicht einfach, denn: Wollen wir das Pferd bestätigen, dann ziehen wir Energie von ihm ab. In der Menschensprache funktioniert das aber genau andersherum: Wir erhöhen die Energie in Form von erhöhter Aufmerksamkeit, Zuwendung und Nähe, wenn wir etwas bestätigen: Das Kind, das etwas richtig gemacht hat, wird in den Arm genommen, laut gelobt und gehätschelt. Zieht jemand die Energie von uns ab, fühlen wir uns allein gelassen oder sogar ignoriert. Selbstverständlich dürfen Sie Ihr Pferd überschwänglich loben und streicheln. Auch ein Leckerli kann die Lust am Lernen deutlich steigern. Es wird spüren, dass wir zufrieden, glücklich und positiv sind. Das ist gelerntes Bestätigen. Ziehen wir die Energie ab, ist das für das Pferd eine natürliche Bestätigung.

TIPP

Gutes Zuhören zu lernen, fällt uns schwer, wäre aber oft angebracht. Differenziertes Zuhören mit allen Sinnen muss man üben.

DAS PFERDEVERSTÄNDLICHE „JA“

Möchten Sie Ihrem Pferd klarmachen, was Sie von ihm wollen, müssen Sie eine grundsätzliche Regel der Kommunikation beachten: „Ja“ und „Nein“ in der Pferdesprache funktionieren völlig anders als in der Menschensprache.

1.

„Ja genau!“ Bestätigen Sie das Pferd, indem Sie sofort alle Energie von ihm abziehen, ausatmen, die Hand entspannen, den Blick senken, vielleicht sogar einen Schritt vom Pferd wegmachen, sobald es richtig reagiert.

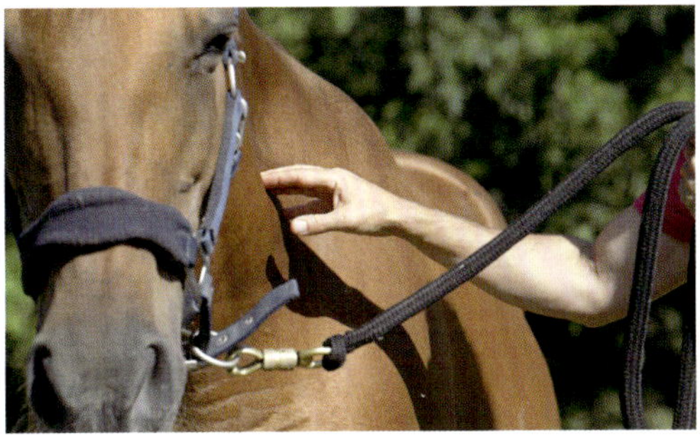

2.

„Nein, das ist noch nicht die gewünschte Antwort!“ besteht darin, dass Sie mit Ihrer Aufforderung weitermachen oder Ihre Anfrage anders formulieren müssen. Sie lassen die Energie also auf dem Pferd.

3.

So schaut ein Pferd, wenn es nicht sicher ist, was genau wir meinen. Typisch ist der erhobene Kopf, gespitzte Ohren und ein aufmerksamer Blick. Der Muskeltonus ist etwas höher, das Pferd sieht „gespannt“ aus. Hohe Aufmerksamkeit ist unbedingt erforderlich, wenn das Pferd herausfinden soll, ob es flüchten oder bleiben soll.

DIE GRUNDSCHULE

LEHRER SEIN

Erklären Sie Ihrem Pferd, welche Regeln im Umgang mit dem Menschen gelten.

Die Basis legen

Sie stöhnen bei der Erinnerung an Ihre eigene Schulzeit? Nun sind Sie als Lehrer im Einsatz und Ihr Pferd ist der Schüler. Damit Ihre gemeinsame Zeit mit dem Pferd leicht, erfreulich und sicher wird, müssen Sie in der Lage sein, ihm die Regeln für das Zusammensein mit dem Menschen zu erklären.

Pferde handeln ihrer Natur entsprechend. Würden wir aber der Pferdenatur folgend mit den Pferden diskutieren, kämen wir bald zu Schaden: Jungpferde tragen Meinungsverschiedenheiten sehr „handfest" aus … Auf diese Art können und wollen wir mit unseren Pferden natürlich nicht kommunizieren. Pferde müssen also zur Schule gehen, und wir müssen ihnen erklären, dass es im Zusammensein mit Menschen andere Regeln gibt. Nur so können sie sich in der Welt der Menschen zurechtfinden.

AUFMERKSAMKEIT

Pferde sind von Natur aus ausgesprochen aufmerksam. Ihre wachen Instinkte sichern ihr Überleben, denn wer nicht aufpasst, wird gefressen. Diese Eigenschaft ist also völlig normal für ein Pferd. Sie müssen ihm aber zeigen, auf was es im Zusammensein mit dem Menschen seine Aufmerksamkeit richten soll: Das sind im besten Fall Sie. Sie selbst müssen lernen, in den Augen Ihres Pferdes so wichtig und glaubwürdig zu werden, dass es Ihnen automatisch seine Aufmerksamkeit schenkt. Das Pferd muss die Erfahrung machen, dass von Ihnen immer und verlässlich im richtigen Moment und in einer verständlichen Sprache alle notwendigen Informationen kommen, die es braucht, um zu überleben. Das wiederum setzt voraus, dass Sie genau im richtigen Moment die Fragen des Pferdes erkennen, sie korrekt deuten und in einer pferdeverständlichen Art beantworten können. Die Aufmerksamkeit des Pferdes ist das Fundament für alle weiteren Schritte.

TIPP

Die Aufmerksamkeit des Pferdes zu verdienen, setzt Ihre eigene höchste Achtsamkeit voraus. Das ist anstrengend, aber lohnend.

VERTRAUEN UND RESPEKT

Vertrauen und Respekt sind untrennbar miteinander verbunden. Einem Herdenchef, der nicht hält, was er verspricht, schenkt die Herde kein Vertrauen. Einen Herdenchef, der nur lieb ist und nicht hält, was er verspricht, den nimmt die Herde nicht einmal ernst. Nur wenn Sie Respekt verdienen, weil Sie halten, was Sie sagen, und weil Sie sagen, was Sie meinen, weiß Ihr Pferd, woran es ist. Sie bieten Sicherheit, weil es einzuschätzen lernt, was es von Ihnen zu erwarten hat. Das schafft Vertrauen.

GEHORSAM

Erst wenn Aufmerksamkeit, Vertrauen und Respekt vorhanden sind, sieht das Pferd einen Sinn darin, unseren Aufforderungen nachzukommen. Ein anderes Wort für „gehorsam" ist „folgsam". Und wer folgt, kann geführt werden. Das Pferd ist uns körperlich deutlich überlegen. Daher sind wir darauf angewiesen, dass es uns zuhört und vertrauensvoll folgt. Die Kontrolle über mehrere hundert Kilo Lebendgewicht entsteht im Kopf! Ihr Pferd wird Ihnen gern die Führung überlassen, wenn es verlässlich erlebt, dass alles, was Sie von ihm verlangen, verständlich, sicher und überschaubar ist. Es macht die Erfahrung, dass es nicht schwer ist, Ihnen zu folgen. Es tut nicht weh und sorgt eher für Wohlbefinden und gute Stimmung, wenn es sich danach richtet, was Sie wollen.

TIPP

Geben Sie Ihrem Pferd einen guten Grund, das zu tun, was Sie von ihm möchten!

COOLNESS

Ihr Pferd soll lernen, sich mit neuen und unbekannten Situationen gelassen auseinanderzusetzen, statt seinen Instinkten wie Rückzug, Vermeidung oder Flucht blindlings zu folgen. Es soll lernen, ruhig oder zumindest handlungsfähig zu bleiben. Wir helfen ihm, neue Überlebensstrategien

zu entwickeln und bieten ihm nach und nach einen Katalog von Lösungen an, die an die Stelle der Flucht treten können.
Es ist nicht unser Ziel, ein abgebrühtes Pferd zu haben, das auf nichts mehr reagiert. Ihr Pferd soll lernen, was es in einer schwierigen Situation tun soll.

Im besten Fall bedeutet das, dass es Sie um Rat fragt und eine hilfreiche Antwort erhält. Sie können ein Pferd nicht mit sämtlichen Situationen vertraut machen, in die es in seinem Leben gerät. Wichtiger ist, dass es lernt, wie es sich grundsätzlich verhalten soll. Das schafft Ruhe und erhöht auch das Selbstvertrauen des Pferdes.

Bewegen Sie sich so, dass Ihr Pferd Sie als Vorbild sieht.

COOL WERDEN

Lernt Ihr Pferd, seine Ängste zu überwinden, ist der Weg für neue, spannende Abenteuer frei. Bei einem Fluchttier löst es Stress aus, Neues zu erlernen. „Neu" bedeutet „unbekannt" und damit potentiell gefährlich. Das Pferd muss also einen guten Weg finden, mit Stress umzugehen. Das bedeutet auch, es wird aus Erfahrungen lernen, an ihnen wachsen und reifer werden.

1.
Markus führt den jungen Araber in Richtung eines unbekannten Objekts, einer blauen Tüte. Der Gesichtsausdruck des Pferdes ist skeptisch.

2.
Apachi möchte ausweichen, sein Körper krümmt sich weg von der Tüte. Auch die Schweifbewegung signalisiert seine Anspannung.

3.
Markus bleibt entspannt und gibt dem jungen Pferd Zeit, sich mit der neuen Situation in Ruhe auseinanderzusetzen. Er bleibt immer begleitend beim Pferd und lobt es, wenn seine Neugier die Unsicherheit besiegt.

Hoch konzentriert überwindet Apachi das Hindernis mit der Unterstützung von Markus.

MOTIVATION

Wir wünschen uns Pferde, die neugierig sind auf neue Ideen. Macht Ihr Pferd mit Ihnen die Erfahrung, dass alles, was ihm begegnet, sicher ist, dann wird es viel eher neugierig sein und Lust bekommen, mit Ihnen auf Entdeckungsreise zu gehen. Bestätigen und loben Sie es für den Versuch, über seinen Schatten zu springen. Beobachten Sie Ihr Pferd und üben Sie sich darin, zu erkennen, wenn es sich Mühe gibt. Sparen Sie nicht mit Ermutigung!

GUTES LERNEN

Gelingt es uns, ein Umfeld zu schaffen, in dem wir unserem Pferd helfen, mit Stress umzugehen, dann wird der Weg frei für gutes Lernen.

MENTALE FITNESS

Ein weiteres Fach in der Pferdeschule heißt "Fit im Kopf". Aufmerksam, wach, zufrieden, gelassen, selbstsicher, sensibel gegenüber seiner Umwelt – das sind wertvolle Qualitäten eines Pferdes und machen dem Menschen das Ausbilden und Weiterbilden leichter.
Es macht Spaß, Pferde mit einem abwechslungsreichen Training vielseitig anzusprechen. Das erhöht auch ihre Toleranzschwelle enorm. Pferde lernen so nicht nur eine einzige Lösungsstrategie für ein Problem, sie bekommen ein immer größeres Vokabular. Dieser Prozess ist wichtig, um Sensibilität und Toleranz zu erhöhen.

KÖRPERLICHE FITNESS

Voraussetzung für körperliche Aktionen und Reaktionen ist die mentale Fitness. Ein Pferd, das gelernt hat, nachzudenken, hat ein deutlich besseres Körperbewusstsein. Es bekommt ein „Selbst-Bewusstsein", wird seinen Körper besser wahrnehmen und damit gezielter einsetzen. Es kann bewusst seine vier Beine koordinieren und damit die Balance erhalten. Balance erhöht die Kraft, Ausdauer und Beweglichkeit.

Nutzen Sie beim Spazieren bewusst unebenen Boden oder wie hier einen Baumstamm als Training für die innere und äußere Balance.

Wie lernt ein Pferd?

„Wenn wir mit Pferden zusammen sind, setzt oft unser Verstand aus." Das ist kein plumper Vorwurf, sondern das geht auch uns nach vielen Jahren Pferdeleidenschaft immer noch so. Wir vergessen leicht, dass Pferde viele Dinge erst lernen müssen, die aus Menschensicht völlig selbstverständlich scheinen.

WIEDERHOLUNG

Pferde können viele Dinge durch reines Wiederholen einer identischen Situation erlernen. Sie machen dabei die Erfahrung, dass die Antwort immer gleich sein soll.
Dies kann funktionieren. Es birgt aber die Gefahr, dass das Pferd anfängt, sich zu langweilen. Die Wiederholung bietet wenig Anreiz, sich zu verbessern, die Qualität der Antwort bleibt bestenfalls immer gleich. Beobachten Sie besonders sorgfältig, ob die Reaktion des Pferdes wie gewünscht ausfällt. Durch die unveränderte Anfrage sollten die Antworten eher feiner und prompter werden, dann hat das Wiederholen den gewollten Lerneffekt.

Nehmen Sie sich Zeit, zu überlegen, was Sie erreichen möchten, und in Ruhe Ihre Hände zu platzieren.

Achten Sie auch bei mehreren Wiederholungen auf eine deutliche Körpersprache.

GEWÖHNUNG

Wir können ein Pferd durch wiederholtes Konfrontieren mit einem bestimmten Gegenstand an ihn gewöhnen. Diese Technik wird häufig bei angsterregenden Gegenständen angewendet, wenn wir wollen, dass unser Pferd sich nicht mehr davor fürchtet. Es wird gezielt gegen einen Reiz abgestumpft. Sich an etwas zu gewöhnen, sollte aber unserer Meinung nach niemals ein Abstumpfen im Sinn von „nicht mehr darauf reagieren" bewirken. Wir wünschen uns, dass unser Pferd sensibel und aufmerksam an seiner Umgebung teilnimmt. Unser Ziel ist es, dass es dem Pferd zur guten Gewohnheit wird, cool zu bleiben und uns Menschen zu Rate zu ziehen.

Wiederholung und Gewohnheit gehen Hand in Hand: Wir müssen eine Handlung mehrmals wiederholen, bis sie automatisiert ist.

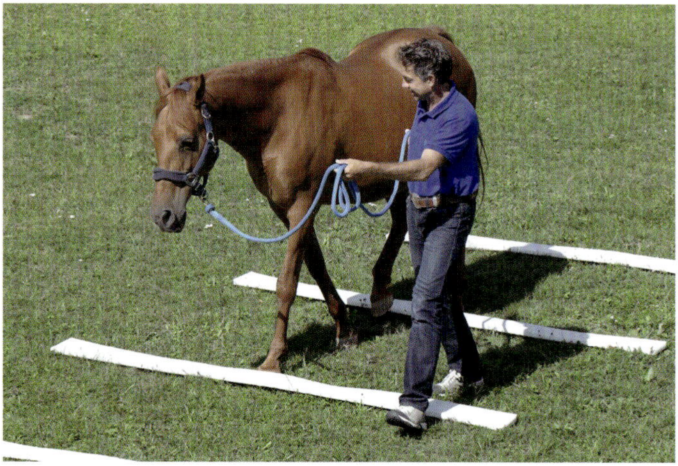

KLASSISCHE KONDITIONIERUNG

Die klassische Konditionierung verläuft wie der berühmte Versuch mit dem Pawlowschen Hund: Er bekam beim Füttern immer einen Glockenton zu hören, und bald floss der Speichel nicht nur beim Anblick des Futters, sondern allein auf das Geräusch der Glocke hin.

Ein Beispiel: Sie tippen Ihr Pferd am Bauch mit einer Gerte an, zeigen nach vorne in Gehrichtung und sagen laut: „Schee-ritt!" Geht Ihr Pferd darauf

Ein Kommando soll für das Pferd möglichst leicht zu verstehen sein.

vorwärts, loben Sie es. Es wird rasch lernen, dass das Stimmkommando „Schee-ritt!“ losgehen bedeutet, auch ohne den unterstützenden Einsatz der Gerte.

STRAFE (OPERANTE KONDITIONIERUNG)

Diese Lernweise wird nicht selten angewendet: Eine unerwünschte Handlung oder eine „falsche“ Antwort wird mit einer Zurechtweisung in Form deutlich erhöhter Energie beantwortet. Aus Scheu vor diesem verstärkten Druck gehorcht das Pferd. „Mehr Druck“, das heißt leider oft, dass der Mensch am Strick oder Zügel rupft oder zerrt, mit der Hand nicht nachgibt, laut schimpft oder womöglich sogar mit Hand, Seil oder Gerte schlägt. Erhöht sich der Druck weiter, löst dies bei einem Fluchttier den Rückzug oder – falls Flucht nicht möglich ist – ein Abwehrverhalten aus. Ein echtes Lernen ist auf diese Weise sicher nicht möglich. Immer lauter und grober zu werden, signalisiert meistens unsere eigene Unsicherheit und Hilflosigkeit.

LOB (OPERANTE KONDITIONIERUNG)

Lernen durch Lob meint das Ermutigen in dem Augenblick, in dem das Pferd den Ansatz einer erwünschten Antwort gibt. Ermutigen, loben, bestätigen können Sie optimal durch das pferdeverständliche „Ja!“. Dadurch haben Sie die besten Chancen, Ihre Botschaft schnell zu übermitteln und dem Pferd Mut und Motivation zu geben, auch eine neue, unbekannte Situation zu verstehen.

VORBILD

Pferde lernen auch durch das Vormachen bzw. indem sie andere Lebewesen genau beobachten und diese nachahmen. Fohlen lernen von ihren Müttern und anderen Herdenmitgliedern. Der Herdentrieb bewirkt ein „Tun was alle tun“. Auch bei Kutschpferden oder beim Gewöhnen ans Gelände ist die Vorbildfunktion wichtig und für das Lernen hilfreich. Ein älteres, erfahrenes, ruhiges Pferd wird als Begleitung für das unerfahrene Jungpferd eingesetzt. Rechnen Sie damit, dass Pferde genau beobachten, wie sich Ihr Körper bewegt. Sie können das Pferd ermutigen, seine Beine mehr anzuheben, indem Sie es vormachen. Eine kleine Geschichte dazu: Ich brachte Pferde auf eine mit Zaunlitze gesicherte Koppel und schlüpfte beim Verlassen der Koppel einfach zwischen den Elektrobändern durch, statt am Tor die Griffe aus- und einzuhängen. Nur wenige Meter hinter mir schickte sich eines unserer schlauen Pferde an, genau das gleiche Manöver auszuführen … mit Erfolg. Rechnen Sie also damit, dass Sie Vorbild sein könnten – ob Sie wollen oder nicht!

TIPP

In der Grunderziehung ist es wichtig, dass wir den Pferden das Lernen leicht machen.

DAS 3-TAGE-LERNPROGRAMM

Säugetiere, also auch Menschen und Pferde, lernen alle auf dieselbe Art und Weise. Der ideale Ablauf zum Erlernen neuer Dinge sieht so aus:

1. TAG:

– Erlernen und Aufnehmen des neuen Inhalts

2. TAG:

– PAUSE

3. TAG:

– Abrufen des Gelernten

Der wichtigste Tag des Lernprozesses ist der zweite Tag: Hier speichert das Gehirn den Lerninhalt. Wir lernen also alle in der Pause!

Schlüssel zum Pferd

Es gibt einige „Schlüssel", die wir für jedes Training, jeden Kontakt und jedes Zusammensein mit dem Pferd grundsätzlich im Auge behalten müssen. Diese Schlüsselwörter erinnern uns daran, einen sinnvollen und pferdegerechten Rahmen zu schaffen, in dem wir mit dem Pferd arbeiten können.

Rufen Sie sich in Erinnerung, mit welchen Instinkten die Natur das Pferd ausgerüstet hat. Das gilt besonders in Momenten, wo Sie nicht verstehen, was Ihr Pferd gerade tut.

KONZENTRATION

Wenn Sie beim Pferd sind, dann sind Sie zu hundert Prozent beim Pferd. Erwarten Sie keine besondere Aufmerksamkeit von Ihrem Pferd, wenn Sie selbst nicht mit allen Sinnen präsent sind. Denken Sie daran, dass Ihr Pferd an Ihrer Aufmerksamkeit abliest, wie gut Sie für sein Wohlbefinden und seine Sicherheit sorgen können.

Wenn wir beim Pferd sind, sollten wir 100 % beim Pferd sein!

KOMMUNIKATION

Kommunikation kann die Ursache für alle Missverständnisse sein. Überprüfen Sie immer wieder, ob Ihr Pferd wirklich verstanden hat, was Sie von ihm fordern. Das gilt besonders dann, wenn Ihr Pferd gerade nicht tut, was Sie wollen.

PLAN UND ZIEL

Oft scheitern unsere Wünsche daran, dass wir keine klare Vorstellung in unserem Kopf kreiert haben. Machen Sie es sich zur guten Gewohnheit, zu kontrollieren, ob Sie einen Plan haben. Welches Ziel möchten Sie mit Ihren nächsten Kommandos erreichen? Welches sind die Schritte, mit denen Sie sich diesem Ziel nähern? Bleiben Sie flexibel und verändern Sie diesen Plan, wenn es nötig ist.

ZEIT

Kurz und oft! Diese Regel gilt fast immer, wenn Sie wirkungsvoll trainieren möchten. Etwa eine halbe Stunde lang können wir uns konzentriert mit einem Thema befassen. Das ist der sinnvolle Zeitrahmen für jedes Training. Arbeiten Sie mit einem Timer, der Sie daran erinnert, dass Zeit vergeht.

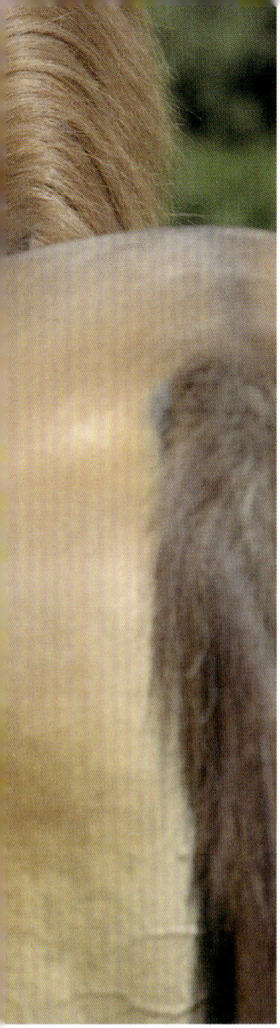

Eine klare Idee bestimmt unsere Handlung. Rätsel raten ist nicht angenehm für Pferde.

1

2

DOSIERUNG UND TIMING

Wenn etwas nicht klappt, ist häufig die Energie nicht gut dosiert. Üben Sie, ein feineres Gefühl für die Energiemenge zu entwickeln, die Sie für den Erfolg benötigen. Jedes Pferd kann anders sein. Die Dosierung ist mit dem perfekten Zeitpunkt verbunden: Die richtige Dosis im falschen Moment bringt nicht das gewünschte Resultat. Beginnen Sie mit der kleinstmöglichen Energiemenge (wie das sanfte Verschieben des Augenlides auf dem geschlossenen Auge), steigern Sie langsam und passen Sie den Moment ab, in dem Ihr Pferd wie gewünscht antwortet.

1 Führen Sie ein Trainingstagebuch. So planen Sie Ihre nächsten Schritte leichter.

2 Behalten Sie die Zeit im Auge oder stellen Sie sich einen Wecker: Das schützt vor Überforderung.

Unser Wille ist nicht immer der unseres Pferdes …

TRAININGS-QUALITÄT

Was macht gutes Training aus? Wir haben einige einfache Punkte als Gradmesser:

- Kurze Reaktionszeit (1 bis 3 Sekunden)
- Minimum an Hilfen
- Entspanntes, williges Pferd

DIE KUNST DER KLEINEN SCHRITTE

Haben wir eine Vorstellung davon, was genau wir wollen, dann spielt es keine Rolle, wie viele Lernschritte unternommen werden, um ans Ziel zu gelangen. Beinahe eine Erfolgsgarantie bietet das konsequente Vorgehen in kleinen Schritten. Wir machen die Lernschritte wirklich so klein, dass wir sicher sind, das Etappenziel zu erreichen. So entstehen keine Lücken im Ablauf und wir haben viele kleine Teilerfolge, die uns

motivieren, weiterzumachen. Bleibt der Erfolg aus, gehen wir in die Analyse und sind bereit, zurückzublicken. Ein Arbeitsschritt klappt nicht? Wir halbieren ihn. Und möglicherweise halbieren wir ihn nochmal. Und nochmal ...

REFLEXION UND EINSCHÄTZUNG

Das sind Qualitäten eines guten „Bergführers“: Wissen, wo man steht und was man kann, erfordert das ehrliche Beobachten der eigenen Person. Konsequenzen daraus zu ziehen, braucht viel Selbstdisziplin.

ANPASSUNG UND VERÄNDERUNG

Wenn wir erkennen, dass uns der eben gewählte Weg nicht zum Ziel bringt, passen wir unseren Plan an. Wir benötigen die Bereitschaft zur Veränderung. Veränderung heißt ja nicht „Misserfolg“, sondern birgt die Möglichkeit, dass wir damit besser und leichter zum Ziel kommen.

1

2

1 Videoaufnahmen schulen unser Gefühl und unsere Wahrnehmung.

2 Durch eine ehrliche Analyse können wir unser Vorgehen besser anpassen und unser Verhalten ändern.

Was wir Menschen lernen

Es gibt viele Dinge, die das Pferd lernen soll – und so viele Dinge, die wir selbst können und lernen müssen! Wir stellen uns die Kommunikation mit Pferden wie das Erlernen einer Fremdsprache vor. Zu Beginn müssen wir Vokabeln lernen, die Bedeutung der unbekannten Wörter verstehen und zuletzt Sätze bilden.

Bis dahin war das Pauken vermutlich recht anstrengend. Nun folgt aber der eigentliche Sinn für das Erlernen einer Sprache: Wir möchten uns mit unserem Gesprächspartner verständigen. Das gelingt in dem Augenblick, in dem wir uns in der neuen Sprache ausdrücken können.

KÖRPERSPRACHE

Körpersprache hat in der Welt der Pferde einen hohen Stellenwert. Oft lernen wir die Signale des Pferdes erst zu sehen, dann sie zu übersetzen und schließlich lernen wir – ganz wichtig – uns selbst zu beobachten. Wir schulen die Wahrnehmung unseres eigenen Körpers. Wie ist der Spannungszustand der Muskeln, wo zeigt unser Bauchnabel hin, wo unsere Fußspitzen? Welche Energie hat unser Blick und was macht die Atmung? Wie steht die Schulterlinie im Verhältnis zur Hüfte? Wir senden viel mehr Informationen an das Pferd, als wir tatsächlich bemerken!

Positionieren

Das ranghöhere Individuum bewegt das rangniedere. Wenn es uns gelingt, unsere Pferde zu einer gewünschten Aktion zu bringen, ohne uns selbst dabei übermäßig zu bewegen, dann können wir vorsichtig vermuten, dass wir gerade die Oberaufsicht über eine Pferdeherde gewonnen haben. Sie signalisieren den Pferden, dass Sie in der Lage sind, im Notfall eine Flucht

zu organisieren oder für die Sicherheit, für das Überleben der Herde zu sorgen: Das ist gut, aber ganz schön viel Verantwortung!
Lernen Sie, mit sparsamen, dafür umso bewusster ausgeführten Bewegungen Ihr Pferd zur Kooperation zu erziehen. Wenn wir uns wenig bewegen, müssen wir umso genauer überlegen, was wir mit der Bewegung erreichen wollen. Das lehrt uns, einen genaueren Plan und ein Ziel zu formulieren.
Machen Sie ganz kleine Pläne, z. B. „Ich möchte mein Pferd antreten lassen". Dazu müssen Sie eine ganze Menge vorbereiten. Überlegen Sie sich die einzelnen Schritte im Voraus.

Führen und Führung

Führen ist ein Begriff mit zweierlei Bedeutung.
1. Führen = Sie führen jemanden von A nach B als mechanisch-physikalischen Vorgang (den Hund an der Leine, das Pferd am Strick in den Stall).
2. Führen = Führung. Lernen Sie, Kontrolle zu übernehmen. Sie sind der erfahrene „Bergführer", derjenige mit der „Wanderkarte", Sie haben eine feste Vorstellung, wo Sie sind und wo Sie hin wollen und auch darüber, wie Sie dorthin kommen. Sie beanspruchen durch Ihr Know-how auch statusmäßig die Führung von Individuen oder Ihnen anvertrauten Gruppen.

Klarheit in unserem Auftreten macht Führung möglich.
Unser Pferd erwartet von uns, dass wir wissen, was wir wollen. Sonst wird es selbst die Führung übernehmen.

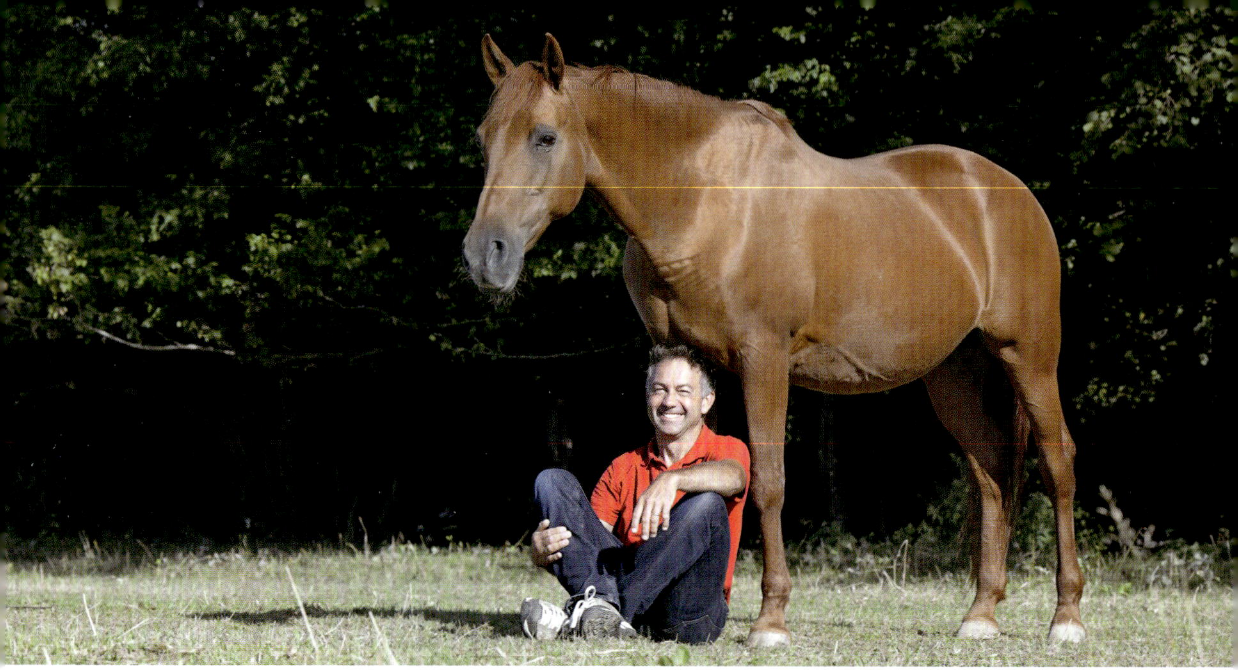

Zwangloser freundlicher Kontakt wirkt nicht bedrängend.

Nähe und Distanz

Bewusste Körpersprache bedeutet auch, ein Gefühl für die Energie zu entwickeln, die Abstände von Lebewesen zueinander enthält. Wenn wir nahe an das Pferd herangehen, können wir mehr Kraft entwickeln. Das ist vielleicht der Grund, warum Ihr Pferd zurückweicht: Es empfängt häufig eine geballte Ladung Energie.
Spielen Sie mit den Abständen. Entspannt sich Ihr Pferd, wenn Sie nur einen Fußbreit zurückziehen? Dann reagiert es auf die Energie, die in der Nähe zu- und mit verringerter Distanz abnimmt. Sie sorgen für Spannung und Entspannung allein durch den Abstand zu Ihrem Pferd, den Sie bewusst wählen. Das ist eine schöne Übung, um Ihr Pferd lesen zu lernen!

Konsequenter Energie-Aufbau

Lernen Sie Ihren eigenen Energieinhalt kennen. Es gibt Menschen, die von Natur aus sehr viel Kraft in sich tragen, und andere, die immer übersehen werden. Lernen Sie, je nach Bedarf mehr oder weniger Energie einzusetzen. Das Motto lautet: „So wenig wie möglich, so viel wie nötig."
Beginnen Sie immer mit wenig Energie und beobachten Sie die Reaktion des Pferdes. Erfolgt bereits die gewünschte Antwort, dann reduzieren Sie sofort wieder auf ein Energie-Minimum. Kommt keine erwünschte Antwort, steigern Sie langsam und kontinuierlich Ihren Energiepegel. Stellen Sie sich diesen Prozess vor wie das vorsichtige Höher- und Tieferdrehen einer Gasflamme. Machen Sie zu schnell zu viel, brennt die Suppe an, drehen Sie zu tief, wird sie nie warm.

Spiegeln

Rechnen Sie damit, dass Ihr Pferd Ihnen Feedback gibt! Wenn Sie davon ausgehen, dass alle Ihre Aktionen eine Reaktion beim Pferd auslösen, gewinnen Sie damit einen direkten Spiegel Ihrer Person. Rechnen Sie aber auch damit, dass Ihr Pferd nicht nur Ihre äußerlichen Körperbewegungen spiegelt.

Pferde können lesen, wie Ihre mentale Befindlichkeit gerade ist, denn sie zeigt sich unbewusst in Ihrer Körpersprache. Seien Sie echt und ehrlich: Was Sie im Innern tragen, soll mit dem Äußeren übereinstimmen.

Was nehmen Pferde bei uns Menschen wahr? Wenn wir davon ausgehen, dass der Ausdruck des Körpers zentrale Bedeutung für das Pferd hat, könnte das Erscheinungsbild eines menschlichen Körpers auf das Pferd wie das eines Raubtieres wirken – abhängig davon, wie wir uns bewegen. Häufig dosieren wir unsere Energie schlecht und wirken forsch und angriffslustig. Oder wir schleichen uns geradezu an, langsam, in gebückter Haltung und mit niedergeschlagenem Blick. Das Pferd „liest" unsere Aktionen und die darin liegende Energie, das Gefühl, das über die Körpersprache zum Ausdruck kommt. Schulen Sie Ihr Bewusstsein für sich selbst und Ihre Umgebung und achten Sie konsequent darauf, wie Sie auftreten.

EIN WORT ZUR AUSRÜSTUNG

Für unsere grundlegende Arbeit mit dem Pferd braucht es keine besonderen Hilfsmittel. Wir nutzen ein gut sitzendes Halfter und ein Seil, das mindestens 3,5 Meter lang ist. So haben Sie Spielraum, wenn Ihr Pferd einmal erschrickt oder stolpert.

Eine Gerte benutzen wir gern als verlängerten Arm. Wir sind nicht so groß und lang wie Pferde und können dieses Hilfsmittel gut gebrauchen, um verschiedene Körperteile anzutippen, ohne unsere Position zu verlassen. Tragen Sie die Gerte wie eine „Leitplanke" zwischen sich und dem Pferd. Damit können Sie einen deutlichen Anhaltspunkt setzen, wie nah Ihnen das Pferd kommen darf.

So können Sie die Gerte auch leicht zum Treiben einsetzen. Hilfreiche Touchierpunkte sind seitlich auf der Hinterhand oder am Röhrbein des Pferdes.

Achten Sie genau darauf, was Ihre Gerte gerade „sagt"!

GERTE

Achten Sie unbedingt darauf, die Gerte nach unten zu halten, wenn sie gerade nicht im Einsatz ist. Sie soll nur dann Energie ausüben, wenn es nötig ist. Üben Sie damit das bewusste Abbauen von Energie: So wenig wie möglich, aber so viel wie nötig.

Auch beim beim Bremsen kann die Gerte unterstützend wirken. Kombinieren Sie Körpersprache, Stimmhilfe und Seilaktion mit der Gertenhilfe. Bewegen Sie die Gerte nach vorn vor die Nase des Pferdes und winken Sie damit auf und ab. Sie bildet so eine gut sichtbare Barriere.

ERZIEHUNG

SCHRITT FÜR SCHRITT

AUS PFERDESICHT

Eine gute Beziehung beginnt beim ersten Kontakt.

In Verbindung kommen

Unternehmen wir etwas mit dem Pferd, dann setzen wir meist voraus, dass es das auch möchte. Wir kommen gar nicht auf den Gedanken, dass es vielleicht keine Lust hat. Und so gehen wir vielleicht ziemlich acht- und gedankenlos ans Werk.

Aus Sicht des Pferdes erscheinen wir vermutlich häufig plump, grobmotorisch und unkonzentriert. Das sind Risikofaktoren für ein Pferd: „Trau keinem, der nicht aufmerksam ist und sich bewusst bewegt!“ So kommt es, dass es nicht selten schon Schwierigkeiten gibt, wenn wir uns dem Pferd nähern.
Die angeborene Angst vor Raubtieren rät Pferden grundsätzlich zur Vorsicht: Ein sich näherndes Wesen sollte durch sein Aussehen und Verhalten rasch als Freund oder Feind identifiziert werden können. Stürmen Sie also freudig auf die Weide, laut rufend und mit den Armen winkend, könnte das durchaus bewirken, dass sich die ganze Herde in die entgegengesetzte Richtung bewegt! Hier beginnt bereits das Miteinanderlernen, das Beziehungstraining, das uns gemeinsam mit dem Pferd zu einer guten Partnerschaft führt.

VON DER WEIDE HOLEN

„Fang mich doch!“ Kennen Sie dieses Spiel, wenn Sie das Pferd von der Weide oder einem größeren Auslauf holen? Das sollte nicht zur Gewohnheit werden, denn abgesehen davon, dass das Pferd die besseren Gewinnchancen hat, verschiebt sich die Rangordnung zu Ihren Ungunsten.
Doch das lässt sich vermeiden: Treten Sie offen, natürlich und entspannt auf. Bewegen Sie sich im Sichtfeld des Pferdes locker, aber bestimmt, und atmen Sie normal. Es ist nicht nötig, dass Sie sich besonders vorsichtig

annähern, so werden die Pferde misstrauisch. Ein allzu forsches Auftreten „schiebt" die Pferde von Ihnen weg. Sehr energiegeladene, kraftvolle Menschen müssen lernen, mit Ihrer Eigenenergie andere nicht gleich zu erdrücken. Dies gilt für Menschen und Pferde.
Richten Sie den Blick entspannt und mit weichen Augen auf das Pferd und nähern Sie sich nach Möglichkeit von seitlich-vorne. So kann das Pferd Sie gut sehen. Beobachten Sie während des Näherkommens, wie das Pferd reagiert. Bleibt es entspannt stehen und schaut neugierig in Ihre Richtung, können Sie ruhig weiter darauf zugehen. Sprechen Sie das Pferd freundlich an, machen Sie sich bemerkbar. Hebt das Pferd ruckartig den Kopf oder bewegt sich von Ihnen weg, ändern Sie sofort den Annäherungswinkel. Verlangsamen Sie Ihr Gehtempo oder stoppen Sie. Entspannt sich alles wieder, gehen Sie weiter. Achten Sie bewusst darauf, ob Sie sich dem Pferd frontal nähern, d. h. in Richtung Ihres Bauchnabels, oder leicht seitlich: Ein Raubtier greift in gerader Linie zielgerichtet an. Gehen Sie im Zweifelsfall eine Zickzacklinie, um zu viel Druck zu vermeiden.

BETRETEN DER BOX

Steht unser Pferd in einer Box, ist es eher einfach, das Pferd herauszuholen, denn dort kann es nicht weg. Trotzdem macht gerade die Enge einer Box Probleme: Treten wir forsch und unsensibel auf, fühlt es sich (auch

Bewegen Sie sich entspannt und natürlich ...

energetisch) bedrängt und in die Enge getrieben. Ein guter Auftakt für unser Zusammensein ist das nicht gerade! Sprechen Sie das Pferd freundlich an, bleiben Sie (etwas seitlich gedreht) in der Boxentür stehen und schauen Sie, ob sich das Pferd vielleicht neugierig nähert. Weicht das Pferd zurück oder dreht Ihnen die Hinterhand zu, warten Sie ab oder ziehen Sie sich sogar einen halben Schritt zurück: Offenbar fühlt sich das Pferd bedroht.

DISTANZ

Spielen Sie mit der Distanz! Beobachten Sie Ihr Pferd und reagieren Sie auf sein Verhalten, indem Sie die Distanz zu ihm verändern.
Pferde kommunizieren untereinander sehr deutlich, indem sie die Distanz

... und ehrlich: Ein hinter dem Rücken verstecktes Halfter bemerkt das Pferd sofort!

zwischen den einzelnen Herdenmitgliedern variieren. Mehr Nähe kann sehr druckvoll sein, mehr Platz zu lassen entspannt alles, die Energie wird gesenkt. Ziehen Sie sich also bewusst ein bisschen zurück, nehmen Sie den Druck aus der Situation. Manchmal genügen ein paar Zentimeter. Hat das Pferd zuvor mit Rückzug oder sogar Abwehr reagiert, wird es sich Ihnen daraufhin vielleicht sogar zuwenden. Dann warten Sie ruhig ab und freuen sich.

Hat die Annäherung gut geklappt, sind Sie vielleicht schon so nahe, dass Sie das Pferd berühren können. Streicheln Sie es kurz an der Schulter oder am Hals, aber überfallen Sie es nicht ungefragt mit Streicheleinheiten. Viele Pferde mögen es nicht, wir sollten das respektieren. Oft fassen wir dem Pferd schon beim ersten Kontakt gedankenlos ins Gesicht und kommen nicht auf die Idee, dass wir möglicherweise seine Intimsphäre verletzen. Daher gilt zu Anfang: Finger weg aus dem Gesicht des Pferdes!

BEGRÜSSUNG

Eine freundliche Vorstellung ist eine Frage des Anstands. Ein höfliches „Hallo" könnte so aussehen:

Wir nähern uns in entspannter Körperhaltung von leicht seitlich-vorne dem Pferd. Schon jetzt können wir aufmerksam darauf achten, wie das Pferd auf diese Annäherung reagiert. Daraus ergibt sich die weitere Kommunikation. Hat das Pferd einen angespannten Gesichtsausdruck, reißt

TIPP

Die natürliche Neugierde ist immer ein guter Türöffner. Wichtig ist, dass wir uns höflich vorstellen.

Völlig entspannt lässt sich Bagheero anhalftern und senkt freundlich den Kopf.

FREUNDLICHES WILLKOMMEN

Nicht jedes Pferd ist scheu und ängstlich. Im besten Fall kommt das Pferd neugierig her und möchte „Hallo" sagen. Unser Auftreten sollte dem Pferd die neugierige Kontaktaufnahme möglichst leicht machen. Menschen sollten nie als Gefahr erlebt werden.

den Kopf hoch oder weicht zurück, dann haben Sie bildlich gesprochen vielleicht bei diesem Pferd die Tür geöffnet, ohne zu klingeln.
Bleiben Sie stehen, atmen Sie aus. Entspannt sich das Pferd wieder, sprechen Sie es ruhig an und bewegen Sie sich anschließend noch langsamer auf seine Schulter zu. Bleibt es immer noch entspannt, streicheln Sie es kurz an der Schulter, dann machen Sie einen kleinen Schritt zurück. Mit großer Wahrscheinlichkeit wendet sich Ihnen das Pferd nach so einem freundlichen Kontakt nun von selbst zu und möchte Sie ebenfalls begrüßen. Es streckt die Nase, möchte vielleicht an Ihren Händen schnuppern oder kommt sogar einen Schritt näher.
Nun hat Begrüßung von beiden Seiten auf manierliche Weise stattgefunden.

HALFTER ANZIEHEN

Können Sie sich dem Pferd entspannt nähern, dann streifen Sie ihm ruhig das Halfter über. Verstecken Sie das Halfter nicht hinter dem Rücken, sondern halten Sie es einfach in der Hand. Begrüßen Sie das Pferd kurz, dann legen Sie das Führseil über den Pferdehals und ziehen das Halfter an. Schaut das Pferd von Ihnen weg, können Sie über das Führseil Hals und Kopf wieder etwas zu sich herziehen, um so das Halfter besser anlegen zu können. Zum Schluss schließen Sie die Schnallen und Karabiner.

KOPF SENKEN

Die Höhe des Kopfes hat beim Pferd starken Einfluss auf die Psyche. Eine hohe Kopfhaltung signalisiert Wachsamkeit, das Pferd kann uns so kaum zuhören. Daher üben wir mit dem Pferd das Kopfsenken. Für eine gute „Lern-Körperhaltung“ ist der Kopf etwa auf Höhe des Buggelenks. Dann ist es auch ein Leichtes, das Halfter überzustreifen oder abzunehmen.

1.

Stellen Sie sich parallel neben die Pferdeschulter und schauen Sie in dieselbe Richtung wie das Pferd. Atmen Sie aus und üben Sie am Seil mit zwei Fingern Zug nach unten aus.

2.

Erhöhen Sie langsam den Druck am Seil, indem Sie immer einen Finger mehr dazunehmen. Lassen Sie sofort locker, wenn Ihr Pferd nachgibt und halten Sie es nicht fest, wenn es unten ist.

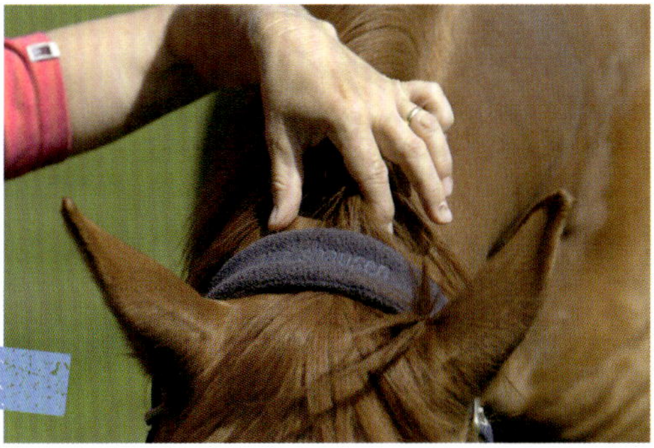

3.

Gibt das Pferd nicht nach, schaukeln Sie leicht am Halfter und massieren vorsichtig die Genickregion. Vielen Pferden fällt es schwer, hier loszulassen.

GEDULD

Auch scheinbar alltägliche Dinge muss das Pferd erst lernen. Haben Sie Geduld und machen Sie sich bewusst, dass Sie es sind, die dem Pferd beibringen, wie es mit Alltagssituationen umgehen soll. Ein Pferd weiß das nicht automatisch.

So können Sie Ihrem Pferd das Halfter leicht abnehmen.

HALFTER AUSZIEHEN

Möchten Sie Ihr Pferd nach der Arbeit wieder in die Box oder auf die Weide entlassen, ziehen Sie ihm das Halfter aus. Belassen Sie das Halfter am Pferd, kann es beim Kratzen oder Wälzen damit hängen bleiben und sich schlimm verletzen. Achten Sie beim Abmachen des Halfters darauf, dass Sie das Pferd dazu auffordern, den Kopf zu Ihnen zu drehen und ihn auf eine angenehme Höhe zu senken. Entfernen Sie das Halfter ruhig, das Pferd sollte sich nicht ungeduldig aus dem Halfter losreißen. Bemerken Sie, dass Ihr Pferd den Kopf wegziehen will, bremsen Sie es kurz aus und lösen das Halfter erst weiter, wenn es ruhig bleibt. Ist das Halfter ab, entlassen Sie Ihr Pferd mit einem freundlichen Wort.

Richtig gut führen

Führen benötigt Führbarkeit und Folgsamkeit. Und es stellt Ansprüche an beide Partner. Der eine muss sich führen lassen. Der andere muss eine Idee haben, wohin er möchte, und klare, nachvollziehbare Signale vorgeben.

Gutes Führen müssen wir lernen. Für uns steht dieses Thema deshalb ganz zu Beginn der Ausbildung von Pferd und Reiter.
Erinnern Sie sich? „Wer bewegt wen?" Diese wichtige Regel unter Pferden kann entscheidend klären, wer was zu sagen hat. Üben wir uns darin, das Pferd ganz bewusst zum ersten Schritt aufzufordern. So können Sie eine souveräne und glaubwürdige Position aus Sicht des Pferdes einnehmen.
Haben Sie sich mit Ihrem Pferd in Bewegung gesetzt, arbeiten Sie daran, dass sich Ihr Pferd überall hinführen lässt. Am besten trainieren Sie auf einem eingezäunten Platz oder in einer Halle. Sie geben die Richtung vor! Sehen Sie sich wieder in der Rolle des „Bergführers": Sie wissen, was Sie tun, wohin der Wanderweg führt und dass Sie für Ihren Schützling verantwortlich sind. Also planen Sie die Route, das Gehtempo und die Position in Ihrer Seilschaft.
Sie achten während Ihrer gemeinsamen Wanderung darauf, dass Sie immer klar anzeigen, wohin der Weg führt. Das tun Sie durch die Blickrichtung, Körper und Fußspitzen zeigen in die gewünschte Richtung und Sie halten eine leichte Verbindung am Führseil.

Auch im Gelände sollte problemloses Führen selbstverständlich sein und so locker aussehen wie hier.

WER FÜHRT WEN?

Lassen Sie sich nicht aus der Ruhe bringen, sondern nehmen Sie sich immer Zeit, sich konzentriert auf den nächsten Schritt vorzubereiten. So bleiben Sie in einer souveränen Führungsposition.

1.
Stellen Sie sich neben dem Pferd auf und schauen Sie in die Richtung, in die Sie mit Ihrem Pferd gleich gehen möchten. Achten Sie darauf, dass Sie aus dem Augenwinkel das Pferdeauge sehen können.

2.
Bleiben Sie parallel neben Ihrem Pferd und achten Sie dabei auf seinen Gesichtsausdruck, den Abstand zu Ihrem Körper und kontrollieren Sie, ob das gemeinsame Gehtempo konstant bleibt.

3.
Hier ist gut zu erkennen, dass sich Pferd und Mensch wie zwei Züge auf parallel verlaufenden Schienen bewegen. Diese sollten sich nicht kreuzen …

FÜHRPOSITIONEN

Wir unterscheiden vier verschiedene Führpositionen:

- Erste Führposition: vor dem Pferd, das Pferd folgt mit einem Abstand von circa einem Meter in der Spur des Menschen.
- Zweite Führposition: seitlich neben dem Pferdekopf
- Dritte Führposition: seitlich neben dem Pferd auf Höhe der Gurtlage
- Vierte Führposition: auf Höhe der Hinterhand oder hinter dem Pferd

Je nach Situation oder Arbeitsthema können Sie eine bestimmte Führposition wählen, die Nummerierung bedeutet nicht, dass Sie in dieser Reihenfolge üben müssen.

So sieht die erste Führposition aus.

ERSTE FÜHRPOSITION

Bei dieser Position stellen wir uns im wahrsten Sinne des Wortes an die erste Stelle und machen klar, dass wir Führungsanspruch erheben. Das spielt eine Rolle, wenn Sie mit Ihrem Pferd durch eine schmale Stelle oder einen Engpass gehen möchten. Dann muss klar sein, wer vorne geht und wer hinten folgt.
Für die erste Führposition stellen Sie sich direkt vor die Pferdenase, mit dem Rücken zum Pferd. Halten Sie das Seil locker mit beiden Händen hinter dem Rücken. Nun gehen Sie ruhig los. Für das Pferd ist es natürlich, Ihrer Schulterlinie zu folgen. Gehen Sie aufrecht und machen Sie rhythmische Schritte. Oft braucht es kaum Zug am Seil, damit sich die Pferde in Bewegung setzen. Ideal ist es, wenn das Pferd einen Abstand zu Ihnen von circa einem Meter einhält. Sie dürfen ruhig über die Schulter schielen, um zu prüfen, wo und wie Ihr Pferd Ihnen folgt.

Das Pferd folgt nicht

Folgt Ihr Pferd Ihnen nicht, geben Sie mehr Zug auf das Seil, gehen aber demonstrativ weiter oder treten zur Not auf der Stelle. Bewegen Sie sich in einem Halbkreis vorwärts, dadurch wird das Pferd leichter antreten als gerade vorwärts.

Das Pferd überholt

Will Ihr Pferd überholen, machen Sie sich beim Gehen groß und breit, strecken Sie die Ellbogen oder sogar seitlich den Arm aus, um zu zeigen, dass es kein Durchkommen gibt.

Das Pferd drängelt

Ihr Pferd drängelt? Es muss lernen, einen Respektabstand von mindestens einem Meter zu unserem Körper zu

> **TIPP**
>
> Bei Pferden, die zu extremem Losrennen oder Steigen neigen, ist die erste Führposition nicht ideal, da wir ungute Ansätze oft zu spät sehen können.

1

2

1 Hier ist die motivierende Körpersprache zum Antreten sehr deutlich zu sehen.

2 Bleiben Sie beim Führen parallel: Die Hufspitzen des Pferdes sollten in die gleiche Richtung zeigen wie Ihre Fußspitzen.

wahren. Reagieren Sie frühzeitig, genau in dem Moment, in dem das Pferd beschleunigt: Korrigieren Sie es mit der Stimme („Nein!!"), wedeln Sie mit den Ellbogen und tun Sie, was nötig ist, um den Abstand zu halten.

ZWEITE FÜHRPOSITION

Zweite Führposition heißt, nebeneinander und miteinander gehen. Wir bevorzugen sie, denn aus dieser Position heraus können wir am besten sehen, was unser Pferd gerade macht.

Antreten lassen

Ein Pferd möchte wissen, woran es ist. Fordern Sie es auf, den ersten Schritt zu tun, dann sollten viele Fragen, die Ihr Pferd Ihnen stellen könnte, schon geklärt sein. Es möchte nämlich wissen, wohin es geht und warum, wie viele Schritte und in welchem Tempo, in welche Richtung und wer von Ihnen beiden die Route bestimmt.

Wenn Sie sich schon vor dem Losgehen gut sortieren, sich bewusst positionieren, Ihren Körper stimmig in die Bewegungsrichtung ausrichten und Ihre Energie nach vorne legen, können Sie durch diese gezielte Vorbereitung bereits viele Fragen beantworten. Das Resultat: Ihr Pferd wird viel eher den ersten Schritt machen.

Stellen Sie sich seitlich neben den Kopf Ihres Pferdes und zwar so, dass Sie, ohne den Kopf zu drehen, Ihr Pferd gut sehen können. Führen Sie Ihr Pferd auf der linken Seite, dann greifen Sie das Seil mit der rechten Hand nah am Halfter. Damit weisen Sie dem Pferd beim Antreten die Richtung. Es ist in Ordnung, wenn

Sie einen leichten Zug richtungsweisend ausüben. Vermeiden Sie es aber, Ihr Pferd permanent vorwärtsziehen zu wollen, da viele Pferde auf Dauerzug mit Widerstand reagieren.
Die andere Hand hält den Rest des Seils aufgerollt, dazu falls gewünscht auch die Gerte.

TIPP

Schaffen Sie klare Verhältnisse: Beim Gehen nebeneinander darf nicht gedrängelt werden.

Das Pferd kommt zu nah

Beobachten Sie, wohin die Pferdenase zeigt: Schaut sie zu Ihnen, werden Sie in der nächsten Sekunde von Ihrem Weg abgebracht oder das Pferd tritt Ihnen sogar auf die Füße. Richten Sie also die Pferdenase wieder deutlich von Ihnen weg in die Richtung, in die das Pferd gehen soll.
Manchmal aber sind wir es, die aus Versehen das Pferd am Seil zu uns herziehen ...
Wenn nötig, strecken Sie Ihren Ellbogen seitlich zum Pferd aus: Mindestens diesen kleinen Abstand sollte das Pferd wahren. Bei sehr ignoranten Dränglern hilft es auch, wenn Sie eine Gerte zwischen sich und dem Pferd mitführen.

1

2

1 Bleibt das Pferd nicht parallel zu unserer Gehrichtung, kann es ganz schön eng werden!

2 Mindestabstand: Die Länge Ihres Oberarms sollte Platz haben zwischen Ihnen und dem Pferd.

1 Atmen Sie ein, sammeln Sie Energie und erhöhen Sie die Spannung in Ihren Gehbewegungen.

2 Bei sehr triebigen Pferden können Sie mit der Gerte „von hinten schieben".

1

2

Das Pferd ist zu langsam

Zu schnell oder zu langsam – beide Male geht das Pferd nicht in Ihrem Tempo. Wenn Sie es konsequent korrigieren, signalisieren Sie ihm damit, dass Sie sehr aufmerksam sind, dass Sie eine klare Vorstellung haben, wer wen führt und in welchem Tempo. Manchmal kommt das Trödeln aber auch daher, dass wir nicht gut genug kommuniziert haben, wohin und wie schnell sich das Pferd bewegen soll. Seien Sie also genau mit Ihrer Information. Sobald Sie im Augenwinkel das Pferdeauge nicht mehr sehen können, treiben Sie Ihr Pferd an: Geben Sie einen klaren Impuls am Seil, gehen Sie gleichzeitig energisch und helfen Sie aufmunternd mit der Stimme. Treiben Sie aber hauptsächlich mit der „hinteren" Hand die Hinterhand deutlich an.

Bleibt das Pferd hartnäckiger zurück, hilft entweder das Antreiben mit dem Ende des Führseils oder über eine Gerte. Vermeiden Sie es, Ihre Position zu verlassen, um „hinten" anzutreiben. Lernen Sie das Antreiben aus Ihrer Führposition heraus: Sie werden sonst schnell unglaubwürdig in den Augen des Pferdes. Sie bewegen das Pferd, nicht das Pferd Sie …

Sie fordern Ihr Pferd auf, genau die seitliche Position neben Ihnen einzuhalten.

TIPP

Bremskommandos geben Sie, sooft Ihr Pferd wieder beschleunigt. „Steter Tropfen höhlt den Stein." Sie beweisen dem Pferd damit Ihre Geduld und Konsequenz!

Das Pferd ist zu schnell

Das Pferd soll auf Kopfhöhe gehen. Überholt es, dann gilt wieder die Regel der „Früherkennung": Achten Sie genau darauf, wann das Pferd beginnt, sich langsam an Ihnen vorbei zuschieben. Korrigieren Sie es sofort mit einem klaren Stimmkommando: „Langsaaaam!" Atmen Sie aus, verlangsamen Sie selbst, üben Sie einen nach hinten (nicht seitlich!) gerichteten Zug am Führseil aus. Nimmt Ihr Pferd diese Kommandos an, entspannen Sie wieder und loben Sie es. Auch eine als Barriere eingesetzte Gerte unterstützt das Bremsen optisch.

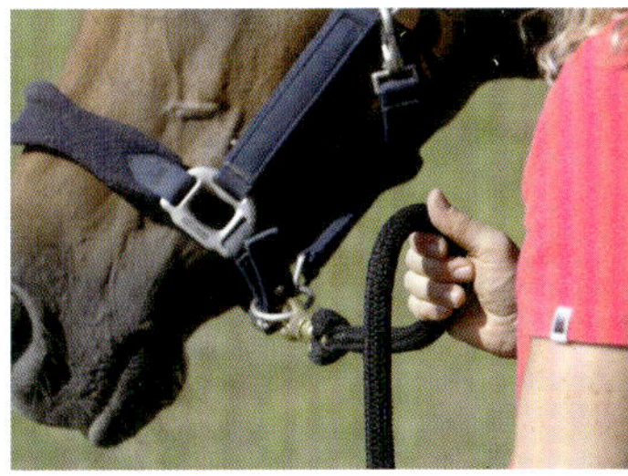

Falls Bremsen am Seil nötig ist, ziehen Sie nach hinten in Richtung der Pferdebrust.

TEMPO HALTEN

Das Tempo ist mit der Position verknüpft: Geht Ihr Pferd schneller oder langsamer als Sie selbst, dann verändert es die seitliche Position. Dadurch wird es viel schwieriger, eine klare Führung behalten zu können. Das Pferd wird Ihnen den Weg abschneiden oder hinter Ihnen zurückbleiben, wo Sie nicht mehr so genau sehen, was es macht. In beiden Fällen verlieren Sie die Kontrolle.

TIPP

Viele Pferde sind am Anfang unsicher, wenn es um mehr Selbstständigkeit geht. Sie sind es nicht gewöhnt, ohne die Nähe zum Menschen mit der „Nase vorn" zu gehen.

DRITTE FÜHRPOSITION

Wenn sich Ihr Pferd in der zweiten Position leicht und fleißig vorwärtssteuern lässt, können Sie es auf mehr Distanz schicken. In der dritten Führposition gehen Sie etwa auf Höhe des Sattelgurtes und damit deutlich hinter der Schulter des Pferdes.

Die Schulterlinie ist für die Pferde bedeutsam: Die Vorderbeine und damit die Schulter geben die Richtung bei jeder Bewegung an.

Sind wir hinter der Schulterlinie, ist es schon wesentlich schwerer, das Pferd genau zu steuern und damit zu kontrollieren. Deshalb gehen wir in dieser Position nicht unbedingt spazieren, es sei denn, wir möchten eine Herausforderung für ein gut ausgebildetes Pferd.

Die dritte Führposition eignet sich hervorragend für das Einleiten von Longierübungen. Hier wollen wir sie nicht weiter vertiefen.

VIERTE FÜHRPOSITION

Diese Position auf Höhe der Hinterhand oder gar hinter dem Pferd wäre in der Natur typisch für die treibende Position eines Hengstes. Wir nutzen sie in der Arbeit mit der Doppellonge oder beim Fahren. Hierfür muss die Glaubwürdigkeit unserer Führungspersönlichkeit und die Kommunikation zwischen Mensch und Pferd schon etwas gefestigt sein. Das Pferd muss sich auch noch mal deutlich anders nach dem Menschen ausrichten und orientieren, der hinter dem Pferdekörper viel schlechter sichtbar ist.

Dritte Führposition: Markus geht auf Höhe des Sattelgurts und schickt Fabiola vorwärts.

HANDHABUNG VON FÜHRSTRICK UND SEIL

Je nach Situation kann es sinnvoll sein, dass Sie das Führseil unterschiedlich handhaben. Üben Sie sich darin, das Seil schnell und sicher von einer Hand in die andere zu wechseln. So können Sie dem Pferd leichter helfen, Abstand zu halten, zu bremsen oder mehr vorwärtszugehen.

1.

Gehen Sie mit Ihrem Pferd partnerschaftlich spazieren, hält die Hand, die dem Pferd näher ist, das Seil, die andere den Seilrest. Sie halten Ihre Schulterachse parallel zu der des Pferdes und spiegeln so Ihre Zusammengehörigkeit.

2.

Diese Haltung eignet sich auch besonders, wenn Ihr Pferd zum Herandrängeln neigt: Machen Sie sich in den Schultern breit, lehnen Sie Ihren Unterarm an den Hals des Pferdes.

3.

Diese Seilhaltung eignet sich gut für das Einleiten einer Longierposition. Sie können ganz nahe am Pferd beginnen und haben gute Einwirkung auf die Schulter des Pferdes (= Steuerung) und gleichzeitig auch auf die Hinterhand/Schenkellage (= Antreiben). So können Sie auf immer mehr Distanz arbeiten.

Haben Sie ein eher langsames Pferd, verlängern Sie den Seilrest in der dem Pferd näheren Hand und führen mit der anderen Hand die Pferdenase. So können Sie mit dem Seilrest das Pferd in der Schenkellage antreiben. Während Ihr eigener Körper immer noch nach vorn in Gehrichtung weist, dürfen Sie ruhig einen Blick nach hinten werfen, damit Sie sehen, wo genau Sie das Pferd antreiben.

ANHALTEN

Sie sollten jederzeit in der Lage sein, Ihr Pferd zu verlangsamen und anzuhalten.
Bremsen gelingt durch das Verringern der Energie: Atmen Sie aus und stellen Sie sich mit einem inneren Bild genau vor, wie Ihr Pferd langsamer wird. Sagen Sie „Laaaangsam“ und wirken Sie zunehmend mit Ihrem Führseil am Halfter nach rückwärts zur Pferdebrust hin. Das darf gern ein sanft ansteigender, aber konstanter, leichter Zug sein. Ruckartige oder zupfende Bewegungen sind oft nicht so klar verständlich. Verringern Sie dabei ebenfalls Ihr Tempo.
Zum vollständigen Stehen kommt Ihr Pferd durch eine Stimmunterstützung wie z. B. „Haaaalt!“. Sie halten ebenfalls an und stellen sich gleichzeitig vor, dass Sie sich auf einen Schemel setzen wollen. Dabei senken Sie Ihr Becken nach hinten ab. Ihr Pferd lernt dadurch immer mehr, korrekt über die Hinterhand anzuhalten, „sich zu

1 Machen Sie das Bremsen durch Anheben des Arms und Zeigefingers deutlicher sichtbar.

2 Der Zug am Seil wirkt hier klar bremsend nach hinten. So bleibt Ihr Pferd neben Ihnen in der Spur.

3 Die Bewegung, als würden wir uns auf einen Hocker setzen, kann dem Pferd helfen, seine Hinterbeine zum Bremsen mehr unter den Körper zu bringen. Es spiegelt unsere Hüftbewegung.

1

2

3

setzen“ und nicht nach vorn zu drängen. Fällt ihm das noch schwer, erhöhen Sie freundlich, aber bestimmt den nach hinten wirkenden Seilzug. Stoppt das Pferd brav, lockern Sie sofort den Zug am Seil, entspannen sich und bestätigen dadurch das richtige Verhalten des Pferdes. Loben Sie Ihr Pferd zusätzlich über die Stimme.
So lernt es, immer feiner und williger zu reagieren.

Achtung: Oft ziehen wir reflexartig am Seil. Da wir aber seitlich gehen, ziehen wir damit auch das Pferd seitlich – auf unsere Füße! Wirken wir aber gut vorbereitet nach hinten ein, parallel zum Pferdehals, dann kann das Pferd im Halten in seiner Längsachse gerade bleiben.
Gutes, fleißiges und kontrolliertes Schrittgehen ist die Grundlage für eine aktive Zusammenarbeit. Ist Ihr

TIPP

Alle Lektionen werden durch das Aussetzen von Energie bestätigt!

Pferd wach und aufmerksam, dann wird es auch umso besser wieder anhalten. Viele Reiter befürchten, dass ihr Pferd sich aufheizt und nicht mehr stoppt, wenn sie es zu fleißigem Schritt motivieren.
Die Sorge ist unnötig. Tun Sie alles, damit Ihr Pferd aufmerksam wird. Damit ist aber nicht gemeint, dass Sie Ihr Pferd dauernd vorwärts piesacken müssen. Dann wird es hektisch statt aufmerksam und sich wenig darum kümmern, was Sie vorgeben.

Das Pferd hält nicht an

Bereiten Sie die Situation in Ihren Gedanken noch besser vor und helfen Sie mit der Stimme und überdeutlicher Körpersprache. Steigern Sie die Energie am Seil kontinuierlich und lassen Sie sofort locker, sobald die Antwort kommt. Wenn es sehr schwer ist, können Sie mit einer Gerte helfen, mit der Sie deutlich vor der Pferdenase eine „Barriere" errichten oder auch die Pferdebrust antippen können.

Das Pferd überdreht

Manche Pferde reagieren auf ein Stoppkommando mit einem Pseudo-Anhalten: sie „schleudern". Vielleicht war Ihr Signal zu abrupt oder zu stark. Versuchen Sie es feiner und mit noch mehr Vorbereitung. Wenn es gar nicht klappt, nutzen Sie die Hilfe eines Zauns oder einer Hallenwand.

RÜCKWÄRTS

Aus einem lockeren, vertrauensvollen „Parken" lässt sich das Rückwärtsgehen entwickeln. Am leichtesten klappt das Anhalten und Rückwärts zu Beginn, wenn Sie es längs einer Wand oder eines Zauns üben. Dabei ist es für das Pferd einfacher, gerade neben Ihnen anzuhalten und rückwärtszugehen.
Es gibt verschiedene Möglichkeiten, ein Pferd rückwärtsgehen zu lassen. Die hier vorgeschlagene Variante ergibt sich aus dem Miteinander- und Nebeneinander-Gehen, aus der Führposition.
Am besten Sie gehen folgendermaßen vor: Atmen Sie ein, setzen Sie sich wie beim Anhalten etwas auf Ihren imaginären Stuhl und geben Sie über das Führseil ein nach hinten wirkendes Signal in Richtung Pferdebrust. Sie können ein Stimmkommando dazu einüben wie „ Zuuurück!"
Beginnt das Pferd nur leicht, sein Gewicht nach hinten zu verlagern (es muss noch keinen Huf bewegt haben!), bestätigen Sie es, indem Sie die Hilfen sofort aussetzen und das Pferd loben. Das Verlagern des Gewichts nach hinten ist am Zucken der Brustmuskeln deutlich zu sehen. Das kündigt das Rückwärtsgehen an. Ist Ihr Pferd schon sicher und vertraut mit dem Kommando zum Rückwärtsgehen, dann können Sie den Anspruch

TIPP

Rückwärtsgehen ist aus Gründen der Balance schwierig für das Pferd. Auch kann es aus dieser Position (verdeckt durch seinen Körper) nichts sehen.

Leichte Auf- und Abbewegungen mit der Gerte wirken bremsend und können auch zum Rückwärts-Gehen auffordern.

auch steigern. Lassen Sie es erst einen, dann mehrere Schritte zurücktreten. Achten Sie dabei unbedingt darauf, konzentriert und sorgfältig zu arbeiten: Ihr Pferd soll diese Übung vertrauensvoll ausführen und keine Angst dabei bekommen. Tritt es locker nach hinten an, signalisieren Sie ihm mit einem klaren Halt-Kommando, dass es wieder anhalten darf. Loben nicht vergessen!

AN FUTTER VORBEIFÜHREN

Klappt Ihre Führstrategie schon ganz gut, dann können Sie sich an fortgeschrittene Situationen heranwagen. Futter ist eine große Versuchung für das Pferd. Für Sie ist es eine große Herausforderung, das Pferd an einem Eimer mit Futter, an einem Heuballen oder an einem Grasstreifen vorbeizuführen. Ihr Pferd wird mit Sicherheit auf das Futter reagieren.

TIPP

Wenn Sie vorausschauen, können Sie Ihr Pferd so führen, dass Sie zwischen der Verlockung und dem Pferd gehen. So können Sie etwas mehr Distanz schaffen.

Den richtigen Moment verpasst … ob Muskelkraft hilft?

Erinnern Sie sich: Fressen ist instinktives Verhalten. Wenn Futter da ist, ist es sinnvoll, dieses zu fressen! Das bedeutet für Sie höchste Aufmerksamkeit. Sie müssen das Pferd überzeugen, warum es im Moment dem Fresstrieb nicht nachgeben kann. Ihr Pferd muss Ihnen glauben, dass es sein Überleben nicht gefährdet, wenn Sie es gerade nicht ans Futter lassen. Hier steht Ihr Wille gegen die Instinkte des Pferdes. Ihre Aufmerksamkeit und Ihr Timing sind der Schlüssel zu dieser Aufgabe! Seien Sie sich im Klaren darüber, welche Magnetkraft Futter besitzt. Fassen Sie frühzeitig das Führseil etwas kürzer oder greifen Sie zur Not für einen Moment direkt ans Halfter. Sagen Sie deutlich „Nein!" und drehen Sie den Pferdekopf etwas zu sich her.

Hat Ihr Pferd schon die Nase im Gras, wissen Sie, dass Sie zu spät waren … Nun hilft nur noch Ihr Körpereinsatz, um den Pferdekopf wieder auszugraben! Das kann dann schon etwas handfester aussehen: Fassen Sie den Führstrick sehr kurz oder greifen Sie mit der Hand sogar ins Halfter, um Ihr Pferd aus seinem Salatteller herauszuziehen. Ja, das braucht jetzt Kraft! Ein kleiner Trick kann es leichter machen: Beobachten Sie genau, wann das Pferd mit den Zähnen nach dem Gras schnappt und das Büschel abreißt. Genau in diesem Moment erfolgt der Zug am Halfter.

UNBEKANNTE SITUATIONEN MEISTERN

Manche Gegenstände und Hindernisse sind für Pferde fremd und unheimlich: Eine Mülltonne, ein dichtes Gebüsch, ein Holzstoß können sehr gefährlich aussehen. Es könnte sich auch ein Raubtier darin verstecken. Deshalb ist es natürlich, wenn ein Pferd von einem unbekannten Gegenstand wegdrängt.

Üben Sie solche Dinge bewusst in einem sicheren Umfeld. Das kann z. B. ein eigens aufgebauter Hindernisparcours sein. Ihr Pferd soll lernen, ruhig und gelassen gemeinsam mit Ihnen ungewöhnliche Situationen zu meistern.

Führen Sie Ihr Pferd an wie üblich und nähern Sie sich gern auf Umwegen langsam dem unbekannten Objekt. Zwingen Sie Ihr Pferd nicht gleich auf geradem Weg darauf zu und lassen Sie es in der Nähe des Gegenstands länger verweilen. Das ist so ziemlich die schwerste Aufgabe für ein Pferd! Gehen und atmen Sie normal und führen Sie Ihr Pferd schließlich an dem „Ungeheuer" vorbei.

Oft hilft es, wenn Sie zuerst zwischen Objekt und Pferd gehen.

Vorsicht: Erschrickt Ihr Pferd, wird es von der Ursache wegspringen! Achten Sie also darauf, dass Sie nicht im Fluchtweg des Pferdes stehen, es kann Sie sonst umrennen!

Seien Sie achtsam und entwickeln Sie einen vorausschauenden Weitblick für das gesamte Umfeld, in dem Sie sich mit dem Pferd bewegen. So lernen Sie, mögliche Flucht-Situationen vorauszusehen.

Kein Beruhigungsstreicheln!

Hat sich ein Pferd erschreckt, neigen wir reflexartig zum „Beruhigungs-Streicheln". Versuchen Sie, dieser Versuchung zu widerstehen. Streicheln und loben Sie Ihr Pferd, nachdem es sich erschreckt hat, bestätigen Sie das eigentlich unerwünschte Verhalten. Versuchen Sie mal, es NICHT zu streicheln!

Besser hilft es dem Pferd, wenn Sie cool bleiben und es sofort ruhig, aber bestimmt auffordern, weiterzugehen. Tun Sie die Schreckursache als völlig

TIPP

Die Lösung liegt in der Ruhe. Bleibt Ihr Pferd gelassen, loben Sie es ausgiebig.

nebensächlich ab: „Das hat jetzt gerade für uns beide keine Bedeutung!" Das ist natürlich leichter gesagt als getan, aber Übung macht den Meister! Es gibt in der Pferdewelt viele Dinge, in denen wir erst mit der Zeit und Erfahrung „gut" werden.

IM GELÄNDE FÜHREN

Haben Sie mit Ihrem Pferd schon fleißig gutes Führen geübt, dann können Sie Ihre Führkompetenzen auch auf die „Welt da draußen" ausweiten. Sind Sie unsicher, üben Sie zuerst auf einer Weide. Haben Sie wenig Erfahrung, können Sie die ersten Schritte von einem Helfer und einem erfahrenen Pferd begleiten lassen. Die „Herde" bringt Sicherheit, das erfahrene ruhige Pferd ist ein starkes Vorbild.

Das Gelände bietet eine Vielzahl an Reizen, die Sie in einer Halle so nicht erleben und auch kaum üben können. Ein Rascheln im Gebüsch, ein Spaziergänger mit Hund, ein Kleinkind auf einem Fahrrad, ein knatternder Traktor – oft kommt viel zusammen! Wichtig ist, dass Sie immer konzentriert bleiben, ruhig atmen und Führung übernehmen. Fällt es Ihnen sehr schwer, Ihr Pferd zu kontrollieren oder sich die Aufmerksamkeit wieder zurückzuholen, dann üben Sie vielleicht noch etwas mehr auf einem Platz oder in einer Halle.

Sind Sie selbst nervös, reden Sie mit Ihrem Pferd. Erzählen Sie ihm, was Sie gerade sehen, wie Ihnen die Umgebung gefällt. Reden hilft Ihnen, normal zu atmen, und beruhigt.

Denken Sie dran, dass Sie auch Vorbild sind. Sie wissen zudem, dass es in unseren Breitengraden keine für Pferde gefährlichen Raubtiere gibt. Ihr Pferd weiß das nicht.

FÜHRUNGSKOMPETENZ

Achten Sie immer wieder darauf, ob Ihr Pferd noch auf Sie hören kann, indem Sie es kurz ansprechen und seinen Kopf über das Seil zu sich her bewegen. Dreht Ihr Pferd durch das Zupfen am Seil ein Ohr zu Ihnen, kann Ihnen das schon genügen als Kommentar: „Ja, ich habe dich gehört!"

1.
Ist Ihr Pferd dauernd am Wegschauen und Vorwärtsdrängen, greifen Sie auf Ihre Übungen beim Führen zurück, z.B. ein energisches Antreten und gleich wieder Stoppen. Machen Sie sich bemerkbar und signalisieren Sie Ihrem Pferd, dass Sie für es da sind.

2.
Zupfen Sie am Führseil, sprechen Sie Ihr Pferd in einem bestimmten Tonfall an. Beschäftigen Sie Ihr Pferd mit klaren Aufträgen: Passt es nicht auf, biegen Sie sofort in einem 90-Grad-Winkel nach innen ab. So wird es sich beeilen, Ihnen wieder zu folgen.

3.
Werden Sie aktiv und verdienen Sie sich so wieder die Folgsamkeit des Pferdes. Üben Sie zu verschiedenen Tageszeiten, bei unterschiedlichem Wetter und falls möglich mit und ohne andere Pferde oder Reiter in der Nähe. Üben und testen Sie damit Ihre Führ(ungs)kompetenz!

Am Anbindeplatz

Stehen bleiben, ruhig an einer Stelle warten und im Stand neue Dinge üben ... auch das muss das Bewegungstier Pferd erst einmal lernen. Je nach Persönlichkeit fällt das manchen Pferden nicht schwer: Sie entspannen sich schnell und genießen die „Wellness-Behandlung" in Form von Bürsten und Striegeln. Andere finden das ruhige und geduldige Stehen unangenehm.

Pferde sollen lernen, ruhig und entspannt angebunden zu stehen. Ob bei der Körperpflege, beim Putzen, Waschen, Satteln und der Hufbearbeitung – ein ruhig stehendes Pferd erleichtert vieles. Das ist eine Lektion, die wir den Pferden mit Geduld und Ruhe beibringen müssen, da sie für das Fluchttier schwierig sein kann: Angebunden zu sein, heißt eben auch, nicht zur Flucht bereit zu sein.
Das Pferd muss also in kleinen Schritten lernen, dass das Anbinden keine Gefahr darstellt. Das bedeutet einen großen Vertrauensvorschuss an uns.

RUHIGES STEHEN

Kennt Ihr Pferd das Anbinden gar nicht, können Sie diese Lektion auch mit einem Helfer üben. Der Helfer „parkt" das Pferd am Anbindeplatz, gibt ihm ein klares Signal „Steeeeeh!" und hält es für alle

Achten Sie immer darauf, dass der Anbindestrick leicht durchhängt. Ist der Strick sehr kurz oder steht das Pferd ungünstig, sodass ein dauernder Zug auf dem Seil besteht, kann das zu Stress und Panik führen.

So ist das Pferd korrekt und sicher angebunden.

folgenden Aktionen möglichst ruhig am Platz. Das Pferd wird noch nicht fest angebunden, sondern der Helfer hat das Führseil in der Hand. Sie können nun z. B. mit Putzen beginnen, Hufe aufheben o. Ä. und loben das Pferd ausgiebig, wenn es dabei ruhig steht und entspannt bleibt.

Möchte das Pferd hin- und herlaufen, „parkt" der Helfer das Pferd erneut und lobt es, wenn es wieder brav steht. Versuchen Sie unbedingt, dabei weiterzuputzen! Steht das Pferd wieder ruhig, hören Sie demonstrativ damit auf und loben es. So lernt es, dass Stillstehen Ruhe bedeutet.

Alternativ können Sie auch den Anbindestrick nur lose durch den Anbindering führen und das Ende in der Hand halten. Wird Ihr Pferd unruhig und zieht am Seil, geben Sie etwas nach. Das nimmt oft die Unruhe.

VERTRAUEN

Es ist sehr beunruhigend für ein Pferd, nicht flüchten zu können. Schaffen Sie eine Atmosphäre, in der das Pferd lernt, dass es gar nicht flüchten muss. Es lernt, mit einer für es unnatürlichen Situation umzugehen. Üben Sie mit jungen und ungeübten Pferden immer nur kurz!

SICHERHEIT BEIM ANBINDEN

- Binden Sie Ihr Pferd immer an einem festen Pfosten, Ring oder an einer Stange an. Die Anbindevorrichtung darf auf keinen Fall nachgeben, wenn sich das Pferd einmal erschrickt und zieht.
- Achten Sie darauf, dass die Anbindestelle nicht zu tief ist, Ihr Pferd könnte sich sonst leicht im Seil verwickeln. Richtig ist eine Höhe von 1,20 Meter über dem Boden.
- Binden Sie Ihr Pferd immer mit einem Sicherheitsknoten an!
- Achten Sie auf die Länge des Anbindestricks: Ca. 80 Zentimeter lassen dem Pferd genug Platz, um sich umzuschauen, sind aber kurz genug, damit es nicht umherläuft oder sich im Seil verwickelt.
- Binden Sie Ihr Pferd niemals mit einem Knotenhalfter oder am Zügel an, sondern immer mit einem Stallhalfter!

Das Pferd reißt nach hinten

Neigt Ihr Pferd dazu, oft und stark nach hinten zu ziehen oder gar am Strick zu reißen? Wir zeigen Ihnen hier eine Möglichkeit, um dieses unerwünschte und gefährliche Verhalten zu durchbrechen.
Bereiten Sie sich vor und versorgen Sie sich vor dem Anbinden mit einigen kleinen Steinchen oder etwas Sand. Stecken Sie diese so in die Tasche, dass Sie sie griffbereit haben. Beginnt Ihr Pferd, am Strick zu ziehen, dann werfen Sie schnell und unauffällig aus sicherer Distanz von hinten etwas Sand auf die Pferdekruppe. Oft reicht ein winzig kleiner Impuls an der Hinterhand und das Pferd weicht reflexartig nach vorne aus: Der Zug am Seil lockert sich. Noch besser machen Sie diese „Therapie" zu zweit: Eine Person kann ruhig weiterputzen, die andere spielt den „Sand-Werfer". Reagiert das Pferd wie erwünscht und geht wieder nach vorn, loben Sie es sofort.
Diese Technik kann mit Erfahrung, etwas Kaltblütigkeit und schneller Reaktion durchaus Unfälle verhindern. Gerät ein nach hinten reißendes Pferd in Panik durch den zunehmenden Druck am Halfter, wird es umso mehr dagegen kämpfen. Gefährlich wird es vor allem, wenn das Pferd dabei ausrutscht oder Strick bzw. Halfter plötzlich reißen. Dann kann sich das Pferd nach hinten überschlagen und

1

1 Ein Anbinde-Sicherheitsknoten lässt sich schnell öffnen.

schwer verletzen. Das reflexartige Nach-vorn-Nachgeben entspannt die Situation oft so weit, dass das Pferd wieder ansprechbar wird.
Ein Pferd in Panik ist immer ein Ernstfall! Das Korrigieren solcher Angewohnheiten ist nichts für unerfahrene Pferdemenschen!

PUTZEN

Das Pferd zu putzen, ist mehr als Sauberkeit und Hygiene. Sie schaffen damit auch einen direkten Körperkontakt und lernen, sich auf das Pferd einzustellen. Ebenso erkennt das Pferd an Ihren Berührungen und Ihrer Körperspannung, was es zu erwarten hat. Sie betreiben also bereits beim Putzen intensive Beziehungspflege. Ihr Pferd lernt durch geschicktes Handling, dass Berührung durch Ihre Hand oder durch Gegenstände ungefährlich ist.
Das ist im weiteren Verlauf der Ausbildung wichtig: Das Pferd muss sich mit vielen Situationen auseinandersetzen, die nicht natürlich sind. So soll es später Zaumzeug, Sattel und Gurte, die den Körper deutlich begrenzen, ohne Angst und Abwehr kennenlernen.
Legen Sie sich Ihre Putzutensilien schon bereit. Beginnen Sie mit einem Gummistriegel mit gleichmäßigen Bewegungen am Hals des Pferdes. Sie entfernen mit dem Striegel gröberen Schmutz aus dem Fell. Kreisende feste Bewegungen wirken wie eine Massage.

2 Im besten Fall lernt das Pferd unsere Hand oder eine Bürste auch qualitativ schätzen: Eine angenehme Kratzmassage an der Lieblingsstelle steigert das Wohlbefinden!

3 An sensiblen Körperstellen wie dem Gesicht bürsten wir besonders vorsichtig.

2

3

Lassen Sie sich nicht ablenken! Nutzen Sie beim Putzen die Chance, Ihr Pferd besser kennenzulernen.

Arbeiten Sie sich an einer Seite des Pferdes von vorne nach hinten entlang. Reduzieren Sie den Druck an Knochenvorsprüngen. Besonders wichtig sind die Stellen auf dem Rücken, wo ein Sattel aufliegen würde, und am Bauch hinter den Vorderbeinen (Position des Sattelgurts).
Atmen Sie ruhig, sprechen Sie mit Ihrem Pferd und beobachten Sie Zeichen von Unbehagen wie Schweifschlagen, Ohren anlegen, Zurückweichen o. Ä. Nutzen Sie das hochkonzentrierte Putzen, um ganz bei Ihrem Pferd zu sein.
Striegeln Sie beide Seiten. Dann machen Sie einen zweiten Durchgang mit einer weichen Bürste oder Kardätsche, um den gelösten Schmutz und Staub zu entfernen. Bürsten Sie in Fellrichtung und glätten Sie die Haare. Knochige Körperteile wie Kopf und Beine putzen Sie mit einer weichen Bürste. Achten Sie auf Scheuerstellen oder kleine Verletzungen.
Die Langhaare wie Mähne und Schweif sollten mit einer speziellen Mähnenbürste gebürstet werden. Sie sitzen recht locker und durch Zug reißen Sie an den Haarwurzeln. Besser geht es, wenn Sie mit einer Hand das zu bürstende Haarbüschel fixieren und mit der anderen Hand die Haare bis zur Spitze durchkämmen.
Wenn Sie glauben, Ihr Pferd schön sauber gebürstet zu haben, machen Sie den Test: Fahren Sie mit der bloßen Hand über den Pferdekörper. So spüren Sie noch letzte Schmutzteile

auf und können nötigenfalls nachputzen. Auf diese Weise vermeiden Sie auch Druckstellen unter dem Sattel oder Gurt.

Aufmerksamkeit

Schrubben Sie Ihr Pferd nicht nur mechanisch, sondern nutzen Sie die Gelegenheit, es mit größter Achtsamkeit zu pflegen und zu berühren. Vielleicht finden Sie Stellen, wo Ihr Pferd nicht gern berührt wird? Oder es hat einen Kratzer oder Insektenstich? Fängt es an, unbemerkt an Ihnen herumzuknabbern und -zwicken?

Anfassen lassen

Das Pferd anzufassen, bedeutet, ihm sehr nahe zu kommen. Erforschen Sie mit Ihren Händen den ganzen Pferdekörper. Ihr Pferd sollte sich vertrauensvoll überall berühren lassen, zum Putzen, Pflegen oder Verarzten einer kleinen Wunde. Streiche(l)n Sie das Pferd mit angenehmen Händen und leichtem Druck ab. Atmen Sie ruhig und loben Sie es freundlich mit der Stimme, wenn es dabei entspannt bleibt. Berühren Sie es so, wie Sie selber gern berührt werden.

PUTZWAHN

Es ist nicht zwingend notwendig, dass Sie Ihr Pferd jeden Tag porentief rein putzen. Im Gegenteil: Manche Pferde reagieren mit gereizter Haut auf permanentes Schrubben, Reinigen und Waschen. Auf Haut und Fell befindet sich natürlicherweise eine schützende und rückfettende Staubschicht. Diese darf durch übermäßiges Putzen nicht entfernt werden.

Abduschen, Mähne flechten oder Einsprühen – so viel muss das Pferd lernen!

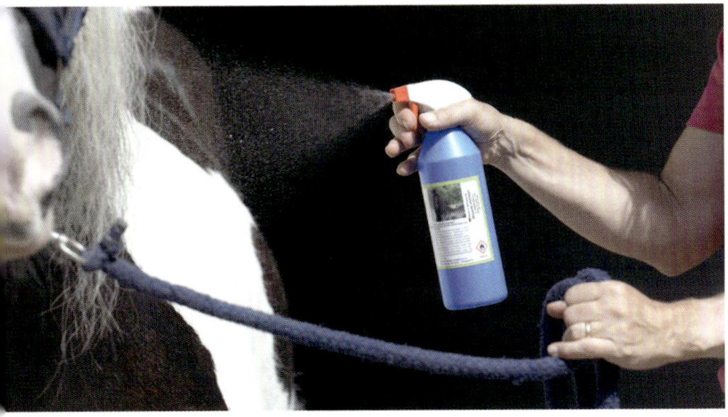

Einsprühen und Co.

Mähnenspray oder Insektenschutz – Sprühen ist ungewohnt! Der leichte Hauch oder auch das Sprühgeräusch ist für Pferde oft unangenehmer als ein deutlicher Druck.
Üben Sie das Sprühen in der Nähe des Pferdes mit einem Wasserspray und schauen Sie, wie Ihr Pferd darauf reagiert. Sie nähern sich langsam dem Pferd und bleiben parallel stehen. Streicheln Sie es mit einer Hand, während Sie sprühen. Loben Sie, wenn es ruhig bleibt! Wenn es für Ihr Pferd sehr schwierig ist, tragen Sie Insektenschutz mit einem Schwamm auf.

RUND UM DIE HUFE

Zum Putzen gehört auch das Säubern und Kontrollieren der Hufe. Dazu müssen wir dem Pferd beibringen, abwechselnd und auf Kommando einen Fuß zu entlasten.
Um einen Huf anzuheben, muss das Pferd sein Gewicht auf die anderen Beine verlagern. Üben Sie zuerst nur das leichte Verlagern des Gewichts auf Ihr Signal hin. Stehen Sie seitlich zum Pferdebein mit Blick zur Hinterhand. Fahren Sie mit der Hand von oben am Bein hinunter und lehnen Sie sich sanft mit der Schulter gegen das Pferdebein. So können Sie das Pferd dazu bringen, das Bein zu entlasten. Üben Sie ein Stimmkommando ein: „Und Huuuuf!"
Hebt das Pferd folgsam den Huf, loben Sie es sofort.
Beginnen Sie an den Vorderhufen, da hier das Pferd besser sehen kann, was Sie tun. Gewöhnen Sie das Pferd daran, dass Sie sich rundherum um seinen Körper bewegen. Sie müssen auch nicht immer die gleiche Hufreihenfolge einhalten. Im Gegenteil: Es kann hilfreich sein, immer wieder in einer anderen Reihenfolge die Hufe aufzuheben. Oder Sie bauen kurz ein „Hufe aufheben" beim Führtraining ein. Oder sogar beim Spazieren im Gelände: Es könnte sich ja ein Stein eingetreten haben. Letztlich möchten Sie immer und überall in der Lage sein, die Hufe Ihres Pferdes zu kontrollieren. Das sollte sich nicht auf den Putzplatz beschränken.
Hat Ihr Pferd sich brav den Huf säubern lassen, dann lassen Sie das Bein langsam und vorsichtig los oder setzen es ganz bewusst wieder auf dem Boden ab. Machen Sie das Pferd mit der Stimme auf sich aufmerksam und lassen Sie langsam los. Dabei spüren Sie, ob das Pferd sein Hufgewicht wieder selbst übernimmt. Lassen Sie den Huf einfach unvorbereitet los, kann der Aufprall auf hartem Boden womöglich sogar zu Brüchen der kleineren Hufknochen führen.
Müssen Sie etwas länger kratzen oder beim Hufschmied den Huf aufheben, ist es sinnvoll, das Gewicht rückenschonend zu verteilen: Stützen Sie das angewinkelte Pferdebein auf Ihr Knie. Achten Sie aber darauf, dass Sie jederzeit zurücktreten oder Ihre Füße außer Reichweite der Hufe bringen können.

TIPP

Das Balancieren auf drei Beinen ist besonders für junge Pferde Akrobatik. Haben Sie Geduld und üben Sie nur kurz, dafür oft.

Das Pferd zappelt oder zieht den Huf weg

Seien Sie geduldig, wenn es Ihrem Pferd schwerfällt, seine Hufe entspannt aufzuheben. Haben Sie Verständnis, wenn Ihr Pferd zappelig ist und seine Füße etwas

Wandern Sie mit der Hand am Bein hinunter und achten Sie darauf, ob das Pferd schon beginnt, seinen Fuß anzuheben.

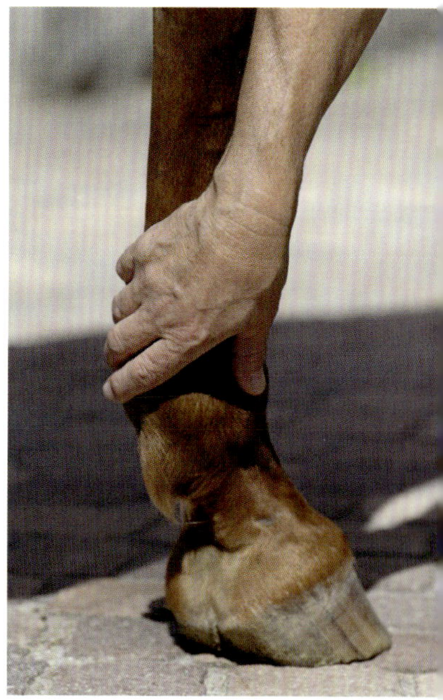

TIPP

Achten Sie beim Aufhalten der Hufe darauf, dass Sie den Huf zum Auskratzen stabil am Hornteil fassen. Wenn man noch nicht so viel Routine hat, fassen viele Schüler den Fuß am Fesselgelenk. Das ist zum Auskratzen dann oft unpraktisch, weil der Fuß dadurch unstabil ist und man keinen rechten Halt findet zum Auskratzen.

So lassen sich die Hufe in Ruhe säubern.

schneller wieder absetzen möchte, besonders im Sommer: Insekten sind sehr lästig. Heben Sie den Huf einfach mehrmals auf und erlauben Sie dem Pferd, ihn zwischendurch abzusetzen.
Zieht Ihr Pferd nach dem Anheben den Huf weit hoch unter den Bauch, dann bleiben Sie mit der Hand dran und warten ein paar Sekunden, bis das Pferd das Bein wieder entspannt. Bringen Sie dann den Huf in eine für Sie angenehme Position zum Auskratzen. Zappelt das Pferd herum, kann ein leichtes Schütteln des Fußes gut helfen. Das Schütteln unterbricht das „Zappel-Programm" kurzfristig. Das Pferd lernt in der Regel rasch, dass Herumzappeln oder Wegziehen des Hufes keine Lösung ist.
Auch ältere Pferde tun sich mit dem Aufheben oft etwas schwerer, da sie nicht mehr so beweglich sind. Achten Sie dann besonders darauf, den Huf nicht zu hoch zu heben, sondern vielleicht nur knapp über den Boden.

Die Kunst der kleinen Schritte

Fällt es dem Pferd schwer, die Beine zu entlasten, wenden Sie die „Kunst der kleinen Schritte" an. Lassen Sie sich gar nicht erst auf einen „Kampf" mit dem Pferd ein (den das Pferd sicher gewinnt!). Nehmen Sie sich Zeit, zu üben, unabhängig vom Putzen und Hufeauskratzen. Üben Sie an einem ruhigen Ort und machen Sie mehrere Mini-Lektionen daraus: Ist es schwer, den Huf ganz aufzuheben, beginnen Sie damit, dem Pferd klarzumachen, dass es nur sein Gewicht vom gewünschten Bein etwas weg verlagern muss. Tut es das, loben Sie es sofort. Steigern Sie so den Anspruch, indem Sie immer ein bisschen mehr verlangen. Lassen Sie jedes Mal sofort los und loben Sie, wenn das Pferd gut mitmacht. Seien Sie sich bewusst, dass Ihr Pferd nicht „nerven" will, sondern wirklich nicht genau weiß, was Sie wollen.

WENN ES NOCH NICHT KLAPPT

NÄHE UND RESPEKT

So wachsen wir mit unserem Pferd zusammen.

An der Erfahrung wachsen

Immer wieder gibt es im täglichen Umgang mit unserem Pferd „Probleme". Und die Frage ist dann: Was können wir tun, wenn es nicht funktioniert? Menschen empfinden ein „Problem" als Fehler, als etwas Unnormales. Oft sind sie aber nur eine logische Folge unseres Dialogs.

Als Trainer erleben wir sehr oft, dass Menschen automatisch von der Annahme ausgehen, dass das Pferd eigentlich weiß, was wir von ihm wollen. Das ist bei sehr gut ausgebildeten und routinierten Pferden möglicherweise der Fall. Für ein perfektes Resultat gehört aber noch ein perfekt geschulter und erfahrener Pferdemensch dazu, der immer 100 % aufmerksam ist. Das bedeutet, dass auch wir an uns arbeiten und uns stetig verbessern müssen.

INTERPRETIEREN - ABER RICHTIG

Was wir allzu oft als „Ungezogenheit" des Pferdes interpretieren, denn „schließlich weiß er genau, was er tun soll!", das ist leider häufig eine Fehlinterpretation. Oft sind wir maßgeblich am Resultat beteiligt.

TIPP

Achten Sie einmal auf Ihre eigene Reaktion, wenn etwas nicht gleich klappt. Sind Sie schnell mit dem Satz: „Er macht immer...!“ oder „Er macht einfach nicht...!“ Formulieren Sie es lieber als Frage: „Warum macht er ...?“

AUF DER SUCHE NACH ERKLÄRUNGEN

Das Pferd bekommt das beste Futter, die schönste Satteldecke und wir nehmen an vielen Kursen teil. Trotzdem erlebt man vielleicht immer wieder, dass das geliebte Pferd wegschaut, wenn es aufpassen sollte, sich losreißt, um zu fressen, oder dem Menschen auf die Füße tritt. Ganz verzweifelt kommt dann oft die Frage: „Warum macht er das? Ich tue doch alles für ihn!“
Unsere pragmatische Antwort lautet: „Weil er es kann!“ Sie finden das gemein? So war es nicht gemeint. Die Antwort ist ganz einfach wahr! Manchmal liegt die Erklärung, warum Pferde etwas tun oder lassen, wirklich einfach darin: weil sie es können.

Beleuchten wir genauer, wie es zu Problemen kommt, denn daran sind wir besonders als unerfahrene Pferdemenschen leider häufig beteiligt.
Wir lernen gerade erst, wie Pferde sich verständigen, was sie verstehen oder nicht, was für sie normal ist oder nicht. Pferdesprache ist uns noch nicht vertraut und läuft auch nach ganz anderen Regeln ab als die menschliche Sprache. Wir senden Signale aus, die wir gar nicht wahrnehmen. Viele Probleme entstehen durch eine mangelnde oder eine nicht funktionierende Kommunikation.
Neben dem schlichten Verständigungsproblem während der Kommunikation gibt es noch andere (menschliche) Ursachen von Problemen.

Warum tun Pferde, was sie tun?

Pferde haben eine ausdrucksstarke Mimik – wir müssen lernen, sie zu verstehen!

Die richtigen Fragen

Wenn etwas nicht klappt, müssen wir uns fragen:

- Wo genau hat die Situation angefangen, in eine unklare Richtung zu laufen?
- Wann genau habe ich (erst) bemerkt, dass etwas nicht nach Wunsch läuft?
- Wie genau ist das Verhalten des Pferdes, sein Gesichtsausdruck?
- Waren wir wirklich absolut klar mit unseren Plänen und Zielbildern?
- Haben wir unsere Körpersprache bewusst danach ausgerichtet?
- Haben wir unsere Fragen / Aufträge ans Pferd klar gestellt und seine Antwort auch abgewartet?

Fehler oder Missverständnis?

Das Pferd verhält sich seiner Natur entsprechend. Es würde nicht auf die Idee kommen, mal auszuprobieren, ob es gerade einen „Fehler" macht. Bewusst einen Fehler zu machen, würde ein viel zu großes Überlebensrisiko darstellen. Pferde tun, was sie tun, weil sie so geartet sind, dass sie das „Richtige" tun. Das „Richtige" heißt in der Pferdewelt immer das, was dem Überleben dient.

MEIN PFERD ACHTET NICHT AUF MICH

Das ist das Alpha und das Omega, eigentlich oft „der Anfang vom Ende“! Ohne die Aufmerksamkeit Ihres Pferdes können Sie nichts tun, egal was Sie tun! Aufmerksamkeit ist nicht ein „Gottesgeschenk“, das uns automatisch zufällt, sondern Aufmerksamkeit erarbeiten wir uns. Machen Sie Aufmerksamkeitstraining immer und überall, solange dies ein größeres Thema ist. Fragen Sie Ihr Pferd immer wieder, ob es Sie noch wahrnimmt: Sprechen Sie es an, zupfen Sie etwas am Seil, machen Sie einen Schritt von ihm weg, scharren Sie mit dem Fuß, stupsen Sie es am Hals an.
Egal, was Ihnen einfällt, Sie kontrollieren mit einer winzigen Aktion, ob Ihr Pferd noch merkt,

TIPP

Voraussetzung für Ihr Fragen nach Aufmerksamkeit ist aber auch Ihre eigene Aufmerksamkeit. Sie merken sonst ja gar nicht, dass Ihr Pferd nicht aufpasst!

ES KLAPPT NICHT, WEIL …

- Wir sind nicht aufmerksam und nicht ganz auf unser Pferd fokussiert.
- Wir agieren oder reagieren zu spät.
- Wir agieren oder reagieren zu stark oder zu schwach.
- Wir haben weder Ziel noch Plan und verhalten uns dadurch unklar.
- Wir haben kein Zeitgefühl und arbeiten zu lang.
- Wir haben kein Gefühl, wie unsere Position zum Pferdekörper ist, und stehen „falsch“.

dass Sie da sind. Brauchen Sie viel Aktion, bis Ihr Pferd Ihnen wenigstens ein Ohr zudreht oder Sie kurz anschielt, dann wissen Sie, dass es Ihnen noch keinen hohen Stellenwert einräumt. Sie sind nicht wichtig genug…

Fokus und Konzentration

Wenn Sie die Kontrolle über ein so großes und starkes Tier haben sollen, dann wird das nur funktionieren, wenn es gelernt hat, auf Sie zu achten. Und umgekehrt: Wenn Sie selbst gelernt haben, auf die Zeichen und Fragen Ihres Pferdes zu achten. Wir holen uns die Konzentration der Pferde gern durch ein deutliches „Schschscht!!" zurück. Das ist ein scharfer Zischlaut, der auch in einer geräuschvollen Umgebung gut zu vernehmen ist, und auf den die Pferde oft besser reagieren als auf ein lautes Rufen. Das Geräusch unterbricht deutlich den abdriftenden Gedankengang, in dem sich das Pferd in diesem Moment befindet. Merkt das Pferd kurz auf, loben wir sofort mit der Stimme und durch den deutlichen Abzug von Energie. Wir atmen aus und entspannen uns erkennbar. So wird es immer leichter, die Aufmerksamkeit Ihres Pferdes abzurufen."

So geht Partnerschaft: Ich achte auf dich – du achtest auf mich!

1

2

MEIN PFERD DRÄNGELT

Pferde kommen uns häufig zu nah. Oft liegt es daran, dass den Pferden nicht bewusst beigebracht wurde, unseren persönlichen Raum zu respektieren. Der persönliche Raum meint beim Menschen den Bereich etwa eine Armlänge um den eigenen Körper herum. Diesen sollte das Pferd nicht ohne Fragen oder Aufforderung betreten. Unter Pferden gilt das als Respektlosigkeit und wird energisch vom ranghöheren Pferd zurückgewiesen, möglicherweise sogar mit Schnappen und Treten.

Achten Sie schon beim Betreten der Box darauf, dass das Pferd nicht gleich auf Körperkontakt herankommt. Sonst korrigieren Sie es, indem Sie „Nein!!" sagen und es mit den Händen von sich wegschieben. Noch besser ist die frühzeitige Reaktion: Beobachten Sie genau, wann das Pferd Ihren persönlichen Raum betreten würde, und bremsen Sie es da schon aus. So lernt das Pferd schneller, dass es „an der Tür anklopfen soll, bevor es in unser Büro platzt". Achten Sie auch beim Führen (z. B. hinaus zum Putzplatz) darauf, dass der Abstand zum Pferd immer gleich bleibt. Möchte das Pferd Ihren Weg kreuzen, fassen Sie das Führseil ganz kurz direkt am Karabiner. So können Sie viel schneller reagieren, wenn es in Ihre Richtung driftet. Sie bemerken dies bereits, wenn die Pferdenase sich ganz leicht zu Ihnen drehen möchte. Schieben Sie genau dann den Kopf am Halfter wieder von sich weg, nur so weit, bis das Pferd wieder geradeaus schaut. Wenn nötig wiederholen Sie das, bis das Pferd gerade ausgerichtet bleibt.

Dies üben Sie bei jedem Hinausführen aus dem Stall, beim Gehen auf dem Platz, beim Spazieren – wann immer Sie Ihr Pferd nahe bei sich haben. Machen Sie es zur Alltagsgewohnheit.

1 Machen Sie klar, wie die Platzansprüche verteilt sind.

2 Fassen Sie ruhig ans Halfter, wenn Ihr Pferd drängelt. Richten Sie den Kopf so deutlich von sich weg.

TIPP

Kontrolle beginnt im Kopf! Die mentale Weichheit erzeugt die körperliche Nachgiebigkeit.

MEIN PFERD BETTELT MICH UM FUTTER AN

Pferde, die unseren Raum nicht respektieren, berühren uns auch häufig auf der Suche nach Futter (das die Menschen in ihren Jackentaschen mitbringen!). Wenn wir das nicht im Ansatz unterbinden, steigert sich das oft bis zu schmerzhaftem Zwicken oder gar Beißen.
Sie erinnern sich: Wenn Sie auf ein Verhalten nicht reagieren, signalisiert das dem Pferd: „Ja, mach ruhig weiter!“ Auch hier üben Sie das frühzeitige Reagieren: In dem Augenblick, in dem das Pferd beginnt, seine Nase zu Ihnen zu drehen, sagen Sie „Nein!!“ und schieben den Kopf am besten an der Backe – nicht am Maul! – weg. Berühren Sie es am Maul, fördert das den Maulreflex und macht das Pferd oft noch „knabbriger“. Tragen Sie bei stark bettelnden Pferden keine Leckerli mit sich herum und füttern Sie auch nicht aus der Hand. Seien Sie konsequent und unterbinden Sie das Betteln jedes Mal (!) im Ansatz.

MEIN PFERD LEGT BEIM PUTZEN DIE OHREN AN

Beobachten Sie bei allem, was Sie mit Ihrem Pferd tun, immer seine Mimik. Die Ohren sind ein Stimmungsbarometer: Flach angelegt und zusammen mit einem ärgerlichen Gesicht sind sie ein Zeichen von Unwohlsein und bereits eine Drohgebärde. Nehmen Sie das ernst: Ihr Pferd zeigt, dass ihm etwas gerade Stress verursacht. Beim angebundenen Pferd ist es doppelt unangenehm, es kann nicht flüchten. Weggehen wäre bei einer unangenehmen

Mit Futter als Belohnung können Sie immer punkten!

Situation eigentlich die natürliche Reaktion. Versuchen Sie herauszufinden, weshalb sich das Pferd unwohl fühlt. Werfen Sie einen Blick in Ihre nähere Umgebung: Ist ein anderes Pferd vielleicht etwas zu nahe? Hat sich Ihre Umgebung während des Putzens verändert, sodass sich das Pferd nicht mehr entspannen kann? Lärm, Aufregung, Traktor ...? Überprüfen Sie Ihren eigenen Putzmodus: Atmen Sie entspannt, sind Ihre Putzbewegungen ruhig und bestimmt? Sind Sie mit der Konzentration ganz beim Pferd?

Einfach mal Pause machen als Belohnung!

Probieren Sie aus, was dem Pferd helfen könnte: schnellere oder langsamere Putzbewegungen, etwas mehr Druck, eine andere Bürste? Gibt es Körperstellen, an denen das Pferd unruhig wird?
Vielleicht gehen Sie nochmals zum Thema „überall anfassen lassen" zurück. Oder Sie stellen beim genaueren Hinschauen eine kleine Wunde oder Schwellung fest.
Können Sie nichts Auffallendes finden, bleiben Sie bewusst noch ruhiger und entspannter am Pferd dran. Beruhigen Sie es mit der Stimme. Putzen Sie in einem Körperbereich, in dem das Pferd entspannt ist, und arbeiten Sie sich langsam an den Bereich heran, bei dem das Pferd Zeichen der Unruhe zeigt. Ziehen Sie sich putzend wieder zurück usw. Nähern Sie sich freundlich dem „schwierigen" Bereich an, seien Sie aber fair und strapazieren Sie ihn nicht lang. So kann sich das Pferd langsam an eine etwas schwierige Aufgabe gewöhnen.

LOBEN NICHT VERGESSEN

Bei all den Aufgaben und Lerninhalten, die unser Pferd bewältigen soll, ist für uns die Ermutigung immer der „Motor" allen Lernens. Das geht uns doch selbst so: Wir lernen mit Ermutigung, Anregung, Bestätigung und positiver Motivation viel eher, als wenn wir laufend zu Leistung angetrieben, ermahnt, korrigiert, auf Fehler gestoßen und gestraft werden. Fehler gehören zum normalen Lernen und sollten nicht abgestraft werden.

Seien Sie großzügig mit Lob: Freude und Begeisterung sind die besten Lernhelfer!

Sie sind vielmehr für den Lehrer ein Hinweis, seinem Schüler vielleicht eine andere Hilfestellung zu geben. Ein Tier wird niemals „extra“ oder bewusst einen „Fehler“ machen. Das wäre höchst unnatürlich.
Wir sollten es uns zur guten Gewohnheit machen, automatisch auf kleinste Lernerfolge mit Lob, Anerkennung und Begeisterung zu reagieren. Gewöhnen Sie sich eine innere Grundhaltung der Zusprache und Wertschätzung an. Gehen Sie immer mit dem Gedanken ans Pferd heran: „Das werden wir zusammen gut meistern!“
Lob und Bestätigung in Form von Energieabziehen ist sehr leicht, sofort auszuführen und braucht kein Material. Und es ist das dem Pferd angeborene Verhalten. Auch Streicheleinheiten, Kuscheln, Massieren, Kraulen, Kratzen und Grasen sowie Leckerlis in vernünftigem Maß runden unser positives Bild ab.

SERVICE

ZUM WEITERLESEN

Eschbach, Andrea und Markus: **Reiten so frei wie möglich**, Gebisslose Zäumungen, Halsring und Ohne-Sattel-Reiten; KOSMOS 2012
Die erfahrenen Pferdetrainer Andrea und Markus Eschbach zeigen in diesem Ratgeber den praktischen und sicheren Weg zum Reiten mit mehr Freiheit. Sie stellen gebisslose Zäumungen, das Reiten mit Halsring und ohne Sattel vor.

Eschbach, Andrea und Markus: **Freie Bodenarbeit mit dem Pferd**, Kommunikation und Körpersprache; KOSMOS 2016
Die Pferdeexperten Andrea und Markus Eschbach erklären, wie Pferdesprache und Kommunikation funktionieren. Bei der Bodenarbeit finden Mensch und Pferd am besten zueinander. Gut verständlich und mit vielen Fotos erläutern sie auch das Training im Round Pen.

Krüger, Anne: **Wenn Pferde Komplimente machen**, HarmoniLogie – Kommunikationstraining für Mensch und Pferd; KOSMOS 2019
Anne Krüger-Degener ist Tiertrainerin und tritt weltweit in beeindruckenden Schaubildern auf. Ihre Ausbildungsmethode beruht auf einem einzigartigen Konzept: Durch eine klare Körpersprache und genaue Beobachtung entsteht eine feine Kommunikation und vertrauensvolle Nähe zwischen Mensch und Pferd. So arbeitet das Pferd motiviert mit.

Konnerth, Tania: **10 Wege zu meinem Pferd**, Wie Mensch und Pferd glücklich zueinander finden; KOSMOS 2018
Tania Konnerth stellt die zehn Grundprinzipien vor, die für ein glückliches Miteinander von Mensch und Pferd unerlässlich sind – von Respekt und Verstehen bis zu Führung und Freude. Dieses Buch bietet überraschende Denkanstöße!

Obst, Katrin: **Fit mit Obst**, Noch mehr Übungen aus dem Fitnessstudio; KOSMOS 2020
Obst macht gesund! Von diesem Motto der „hundkatzemaus"-Expertin Katrin Obst profitieren Pferde und ReiterInnen. Denn die Ausbildung der richtigen Muskulatur, das Training der Faszien und die Dehn- und Biegefähigkeit sind für Tier und Mensch wichtig.

Rashid, Mark: **Jedes Pferd verdient eine Chance**, Wie schwierige Pferde zu guten Reitpferden werden; KOSMOS 2018
Mark Rashid, der sympathische Horseman aus Colorado, zeigt seinen Weg, mit schwierigen Pferden umzugehen, ihre Sichtweise zu verstehen und für jedes Tier ein individuell passendes Training zu entwickeln. Dieses Buch ist praktischer Ratgeber und unterhaltsamer Lesestoff zugleich!

Schöning, Dr. med. vet. Barbara: **Clicker-Training für Pferde**; KOSMOS 2019
Pferde lernen am besten über positive Verstärkung – das gelingt mit Clicker-Training. Motivieren Sie Ihr Pferd zu gewünschten Verhaltensweisen im Alltag, in unerwarteten Situationen, bei der Bodenarbeit und beim Reiten in Bahn und Gelände.
Wie leicht das Clicker-Training gelingt, erklärt die Tierärztin und Verhaltensspezialistin Dr. Barbara Schöning.

Schöpe, Sigrid: **Bodenarbeit mit Pferden**, Abwechslungsreiche Übungen, die Spaß machen; KOSMOS 2017
Bodenarbeit gymnastiziert jedes Pferd, schafft Vertrauen und bringt Abwechslung in den Alltag von Pferd und Reiter. Sigrid Schöpe erklärt die Übungen Schritt für Schritt – von einfachen Lektionen bis zu Zirkustricks!

Wilsie, Sharon/Vogel, Gretchen: **Sprachkurs Pferd**, Pferdesprache lernen in 12 Schritten; KOSMOS 2018
Jedes Zucken von Ohr oder Nüster, jede Bewegung des Pferdes hat eine Bedeutung. Pferde reden mit uns, doch die meiste Zeit übersehen wir diese Signale. Mit diesem Übersetzungshelfer lernen wir, die Sprache unserer Pferde zu verstehen.

Wilsie, Sharon: **Mit Pferden sprechen**, Erfahrungen aus dem Alltag mit Pferden; KOSMOS 2019
Nach ihrem bahnbrechenden „Sprachkurs Pferd" zeigt Sharon Wilsie nun die Praxis des „Horse Speak" im Alltag. Anhand vieler Geschichten und Fallbeispiele demonstriert sie, wie die Pferdesprache im täglichen Umgang mit dem Pferd richtig eingesetzt wird.

NÜTZLICHE ADRESSEN

Andrea und Markus Eschbach
Eichhaldenhof
Eichhaldenstraße 23
CH-5322 Koblenz
Tel.+ 41 (0)78- 892162249-(0)
eschbach-horsemanship.com

Deutsche Reiterliche Vereinigung e. V. (FN)
Freiherr-von-Langen-Str. 13
D-48231 Warendorf
Tel. +49-(0)2581-63620
pferd-aktuell.de

Vereinigung der Freizeitreiter und -fahrer in Deutschland (VFD)
Christiane Ferderer
Zur Poggenmühle 22
D-27239Twistringen
Tel. +49-(0)4243-942404
vfdnet.de

Österreichischer Pferdesportverband (OEPS)
Am Wassersprung 2
A-2361 Laxenburg
Tel. +43-2236-710600
oeps.at

Schweizerischer Verband für Pferdesport (SVPS)
Papiermühlestr. 40 H
Postfach 726
CH-3000 Bern 22
Tel. +41-(0)31-3354343
fnch.ch

REGISTER

A
Abwehr 49
Achtsamkeit 25
Anbinden 70 ff.
Anfassen lassen 75
Angst 28, 67 f.
Anhalten 62 ff.
Annähern 48
Anpassung 39
Antreten lassen 56
Aufmerksamkeit 25, 35, 84
Augen 17
Ausrüstung 43

B
Balance 30
Bedürfnisse 8
Begrüßung 49
Beruhigung 67 f.
Bestätigung 20, 34, 88
Betteln 87
Beutetier 10
Bewegungstrieb 12
Beziehung 8
Box 48
Bremsen 62 ff.

C
Coolness 26 ff.

D
Distanz 11 ff., 42, 48
Dosierung 37
Drängeln 55, 86

E
Einsprühen 75
Energie 40 ff.
Ermutigung 29
Erschrecken 67 f.

F
Fellkraulen 19
Fitness, körperliche 30
Fitness, mentale 30
Fluchttrieb 10 ff.
Fokus 85
Folgen 26 ff.
Fragen erkennen 25
Fresstrieb 11 f.
Führen 40 ff.
Führpositionen 55 ff.
Führstrick 61
Führung 26 ff.

G
Geduld 52
Gehorsam 26
Gelände 68
Gerte 43
Gewöhnung 32
Grundbedürfnisse 13

H
Halfter anziehen 50
Halfter ausziehen 52
Haltung 18
Herdentrieb 12
Hufe 76 f.

I
Instinkte 10 ff.

J
Ja 21

K
Kommunikation 15 ff.
Konditionierung 32 f.
Kontrolle 26
Konzentration 35, 85
Kopf senken 51
Körperhaltung, entspannte 8
Körpersprache 15 ff.

L
Lautsprache 16
Lernen 29 ff.
Lob 20, 34, 88
Lösungen finden 27

M
Maulpartie 17
Mimik 17 ff.
Mitarbeit 8 f.
Missverständnisse 36
Motivation 29
Muskeltonus 18

N
Nähe 42
Nahrungsaufnahme 11 f.

O
Ohren 17

P
Plan 36
Positionierung 40
Probleme 81 ff.
Putzen 73

R
Rangordnungstrieb 14
Reflexion 39
Respekt 26
Rückwärts 64
Rückzug 49

S
Selbstvertrauen 26
Sexualtrieb 13
Sicherheit 13, 35
Sicherheitsknoten 72
Signale 15 ff.
Sozialpflege 19
Sozialtrieb 12
Spiegeln 42 f.
Stehen 62 ff., 70, 72
Strafe 33
Stress 28

T
Tempo halten 59
Timing 37
Touchierpunkte 43
Training, abwechslungsreiches 30
Triebe 10 ff.
Trödeln 58

U
Überholen 55, 59
Überlebensstrategien 26

V
Veränderung 39
Vertrauen 26
Vorbild 34

W
Weide 47
Wiederholung 31
Wohlbefinden 8
Wunschzettel 9

Z
Zeit 36
Ziel 36
Zischlaut 85

BILDNACHWEIS

118 Farbfotos wurden von Lisa Rädlein/Kosmos für dieses Buch aufgenommen. Weitere Farbfotos sind von Horst Streitferdt/Kosmos (9, S. 10/11, 13, 14, 17, 18, 19) und Christiane Slawik (1, Klappe vorn, 2. Motiv rechts).

IMPRESSUM

Umschlaggestaltung von GRAMISCI Editorialdesign, Isabelle Fischer, München, unter Verwendung von zwei Farbfotos von Lisa Rädlein/Kosmos.

Mit 106 Farbfotos

Gedruckt auf chlorfrei gebleichtem Papier

ISBN 978-3-440-16756-4
Redaktion: Birgit Bohnet
Gestaltung und Satz: Atelier Krohmer, Dettingen/Erms
Produktion: Claudia Frank
Druck und Bindung: Westermann Druck Zwickau GmbH, Zwickau
Printed in Germany / Imprimé en Allemagne

FSC
www.fsc.org
MIX
Papier aus verantwortungsvollen Quellen
FSC® C110508

Neue Ideen – für Reiter

96 Seiten, ca. € (D) 13,–

Lisa Röckener ist im Internet ebenso zu Hause wie auf dem Rücken ihrer Pferde. In ihrem ersten Buch hat sie nützliche Tipps und Tricks aus dem Leben mit ihren Pferden zusammengestellt. Ihre Empfehlungen fürs tägliche Training reichen von der Bodenarbeit bis zum Reiten ohne Zügel. Bei den Stall-Hacks finden auch erfahrene Reiterinnen und Reiter noch tolle Kniffe, vom Füttern und Equipment bis zum Pulsmessen und Putzen. So lässt sich Zeit und Geld sparen und die Pferde fühlen sich wohl.

Obst macht gesund! Von diesem Motto der „hundkatzemaus“-Expertin Katrin Obst profitieren nicht nur Pferde, sondern auch Reiterinnen und Reiter. Denn die Ausbildung der richtigen Muskulatur, das Training der Faszien und die Dehn- und Biegefähigkeit sind für Tier und Mensch gleichermaßen wichtig. Mit Fitness-Übungen wie Aquafitness, Pole-Dance oder Yoga für Pferde zeigt Katrin Obst, wie viel Spaß ein gutes Training dem ganzen Pferd-Mensch-Team machen kann. Modernes Ganzkörpertraining, präsentiert mit vielen Fotos und einer guten Portion Humor.

120 Seiten, ca. € (D) 17,–

kosmos.de